세상을
바꾼
기술

기술을
만든
사회

세상을
바꾼
기술

기술을
만든
사회

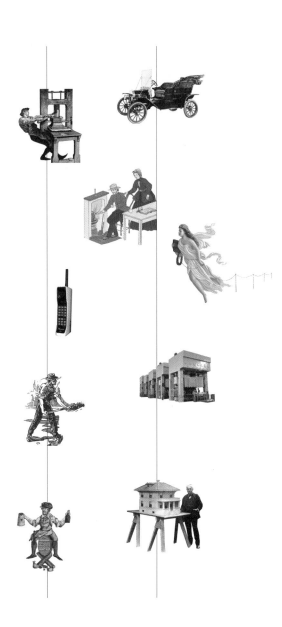

김명진 지음

궁리
KungRee

낡은 기술이 새 기술이었을 때

기술을 바라보는 사람들의 시선은 압도적으로 미래를 향해 뻗어 있다. 우리는 최신의 첨단기술이 사회에 미치는 영향에 촉각을 곤두세우며, 나아가 아직 존재하지 않는 기술이 앞으로 일상을 어떻게 바꿔놓을지에 대한 전망에 귀를 기울인다. 반면 기술의 지난 과거에는 별로 관심이 없다. 지금으로부터 100년, 200년, 500년 전에 등장한 기술은 21세기를 사는 우리와 그다지 관계없고, 역사에 관심 있는 사람이나 살펴볼 일로 여기고는 한다.

그러나 영국의 기술사가 데이비드 에저턴이 『낡고 오래된 것들의 세계사(The Shock of the Old)』에서 설득력 있게 보여준 것처럼, 사실 오늘날의 일상은 많은 '낡은 기술'이 지탱한다. 그중 하나라도 중단되면 사회가 마비되지만, 이미 오래전에 안착해 공기처럼 익숙해져서 더 이상 관심을 받지 못할 뿐이다. 그런 의미에서 우리는 (아직 오지 않은 미래가 아니라) 켜켜이 쌓인 과거 속을 여전히 살고 있다 할 수 있다.

또한 우리는 '낡은 기술' 역시 세상에 처음 선을 보였을 때는 '최신의 첨단기술'이었다는 사실을 간과하고는 한다. 기술을 처음 접한 동시대 사람들은 그 속에 내포된 가능성과 잠재력에 종종 충격을 받거나 경이감을 느꼈고, 다양한 이유에서 이를 받아들이거나 거부했다. 복잡다단한 과정 속에서 기술은 변형과 수용을 거쳐 자리를 잡았고, 이후 사회 구성원의 능력을 신장시키거나 행동을 제약하는 요소가 되었다. 이러한 기술의 과거에 대한 이해는 첨단기술의 숲에서 길을 잃은 오늘날의 사람들에게 길잡이가 될 수 있다. 한때 새 기술이었던 낡은 기술에 예전 사람들이 어떤 반응을 보였고 그것이 몰고 온 기회와 위기를 어떻게 헤쳐나갔는지 살펴본다면, 오늘날 기술과 관련된 문제의 실마리를 찾을 수 있다.

이 책은 이러한 문제의식에 입각해 근대 이후 서구 기술사의 몇몇 주제를 다룬다. 대체로 산업혁명 이후에 초점을 맞추었으며, 다양한 분야의 기술(생산, 노동, 커뮤니케이션, 모빌리티), 사건(인쇄술혁명, 산업혁명, 운송혁명), 인물(제임스 와트, 토머스 에디슨, 헨리 포드) 등을 포괄하도록 구성했다. 집필 과정에서는 기술 등장의 배경이 되는 당대 사회의 맥락, 기술의 발전 및 확산 과정, 동시대 사람들이 보인 반응과 태도 등을 균형 있게 서술하려 했다. 이를 통해 독자가 기술의 역사에 한 획을 그은 여러 주제를 조금이나마 더 잘 이해하고, 나아가 기술사라는 분야에 관심을 갖게 된다면 일차적 목표는 달성되었다고 본다.

대학원 재학 시절 이후 스스로를 기술사 전공자로 내세워왔고, 학부에서 기술사 강의를 시작한 지도 20년 가까이 되었지만, 막상 이 주제로 길게 글을 쓰고 책으로 묶은 것은 처음이다. 나의 학문적 게으름이기도 하지만, 국내에서 기술사를 주제로 글을 쓸 지면이 마땅치 않았다는 사정 또한 있다.

그동안 강의한 내용을 정리해 펴내보겠다는 생각을 오랫동안 기약 없이 품던 차에, 2016년 말 《고교독서평설》에서 기술사를 주제로 한 연재물을 청탁하면서 기회가 생겼다. 《고교독서평설》은 연재 기간 내내 내가 원하는 세부 주제와 구성에 맞춰 글을 쓸 수 있도록 배려해주었고, 때로는 자체적인 자료 조사를 통해 글 곳곳에 숨어 있던 오류들을 찾아 고쳐주기도 했다. 이 책은 2년 동안 연재한 글을 주제별로 다시 정리해 묶은 결과물이다. 단행본을 준비하면서 연재 당시 지면 제약으로 축약했던 글은 원래대로 되살려놓았다.

학부에서 이 주제로 강의할 때부터 특히 염두에 두었던 것이 시각 자료의 중요성이다. 이는 연재와 출판 과정에서도 변치 않고 이어졌다. 기술사는 '마음의 눈(mind's eye)'이 중요한 시각적 분야임을 감안해, 해당 기술의 작동 원리나 동시대의 문화적 반응을 볼 수 있는 그림과 사진 자료를 다수 곁들였다. 필요한 경우에는 기계나 장치의 동작을 보여주는 동영상 링크를 첨부했다. 여기에 더해 권말에 주제별로 영상자료를 소개하고 설명을 달았다. 아직 국내에 정식으로 소개되지 않은 다큐멘터리가 대부분이어서 다소 아쉽지만 앞으로 기술사에 대한 관심이 커지면 많이 배급될 것으로 기대한다.

책을 펴내는 과정에서 많은 분들이 도움을 주었다. 경기대, 한국기술교육대, 서울대, 동국대 등에서 강의를 수강했던 많은 학생들은 어떤 주제나 내용이 재미있는지(혹은 그렇지 않은지), 또 이를 어떻게 바꿔야 더 흥미로운지에 대한 귀중한 정보를 제공했다. 《고교독서평설》의 담당 편집자 서동조 씨는 매번 나를 닦달해 마감을 지키게 했고 잡지 수록을 위해 교정을 보는 수고를 했다. 궁리출판사에서는 번잡한 원고와 이미지를 정리해 책으로 펴내는 수고스러운 작업을 기꺼이 맡아주었다. 이 모든 분들께 지면을 빌려 감사의 말씀을 드리며, 미처 담지 못한 기술사의 여러 흥미로운 에피소드를 추후 정리해보겠다는 다짐을 적어둔다.

2019년 11월

김명진

차례

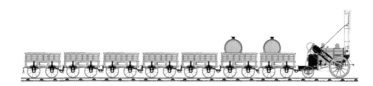

1

인쇄술,
지식 문화를
바꾸다

오늘날의 사회를 살아가는 사람들에게 인쇄된 책은 너무나 익숙한 나머지 거의 공기처럼 여겨지는 물건이다. 우리는 학교에 다니는 기간 동안 책을 보고 공부를 하며, 학업을 마치고 사회에 나가서도 새롭게 필요한 지식과 정보를 얻기 위해 계속해서 책을 찾아보곤 한다. 그런데 최근 들어서는 책의 중요성이 예전만 못한 것처럼 보인다. 지난 수십 년 동안 각종 전자매체를 통해 전달되는 정보가 늘어나고 인터넷에서 엄청난 양의 지식을 얻을 수 있게 됨에 따라 과거에 비해 책의 비중이 상대적으로 줄어든 것이 사실이다. 또한 책의 형태에서도 전자책(e-book)이 널리 보급되면서 종이에 인쇄된 책은 머지않아 완전히 사라질 거라고 내다보는 사람도 있다. 이렇게 보면 인쇄된 책은 이미 한물간 구시대의 유물처럼 보이기도 한다.

그러나 인쇄된 책의 등장이 갖는 역사적 중요성은 이러한 수박 겉핥기식 관찰에서 얻을 수 있는 것보다 훨씬 크다. 단언컨대 인쇄술은 인류 역사상 가장 중요한 기술혁신 중 하나라고 일컬을 만하며, 특히 인류의 물질생활보다는 정신적, 지적 생활에 엄청난 영향을 미쳤다. 우리는 인쇄된 책의 영향력에서 벗어나고 있다고 생각하기 쉽지만, 실은 그보다 훨씬 심오한 의미에서 여전히 인쇄된 책의 시대를 살아가고 있다고 할 수 있다. 그렇다면 서유럽에서 인쇄술은 어떻게 등장했고 그것이 사람들의 지적 생활에 어떤 영향을 미쳤는지를 좀 더 자세히 들여다보도록 하자.

인쇄술 도입 이전: 구술 문화와 필사 문화

어찌 보면 당연한 일이겠지만, 인쇄술이 발명되기 전에도 책은 있었다. 다만 그것을 일일이 손으로 베껴 써야 했기 때문에 만드는 방식이 달랐을 뿐이다. 이렇게 생각하면 인쇄술의 도입은 기존에 이미 있던 책을 조금 더 빨리, 조금 더 값싸게 만드는 방법을 제공한 것뿐이고, 따라서 그 영향도 대수롭지 않았을 것으로 여겨질지 모른다. 그러나 인쇄술 도입 이전에 사람들이 영위하던 지식 문화는 지금과 전혀 달랐다. 인쇄술이 보편화된 이후 변화한 지식 문화에서 살아가는 오늘날의 우리가 그 이전의 문화를 이해하기란 결코 쉽지 않다.

인쇄술 도입 이전에 책은 대단히 희귀하고 값비싼 물건이었다. 따라서 인구의 절대다수는 글을 읽고 쓸 줄 모르는 문맹이었다. 대부분의 사람이 평생 동안 책을 한 번도 구경을 못해보고 죽었고, 설사 접할 기회가 있었다 해도 그것이 무엇에 쓰는 물건인지, 그 위에 구불구불 그려진 형상(즉 문자)이 무엇인지 이해하지 못했을 것이다. 심지어 중세에는 왕이나 귀족이 문맹인 경우도 많았다. 그래서 편지를 주고받으려면 글을 읽고 쓸 줄 아는 서기를 따로 두어야 했다. 책이 드물었을 뿐 아니라 뭔가를 기록해놓을 만한 양피지나 종이도 귀했다. 사람들은 살면서 필요한 모든 것을 기억에 의지해야 했다. 이에 따라 사람들 사이에서는 기억법과 암기술이 고도로 발전했고(주로 연상 작용을 이용해 외우는 방법이 쓰였다), 오늘날의 기준으로 보면 깜짝 놀랄 만한 기억력을 가진 사람들이 꽤 있었다. 당시에는 책으로 수백 쪽에 달하는 분량

문맹인 신자들이 성서의 내용을 이해할 수 있도록 벽화로 그려놓은 12세기 영국의 한 교회 내부 광경.

의 서사시를 줄줄 외우는 사람을 만나기가 어렵지 않았다. 심지어 1,000개의 단어를 딱 한 번만 듣고 바로 되풀이할 수 있는 사람들도 있었다. 이처럼 기억에 의존하는 구술 문화에서는 공동체에서 나이가 많은 연장자들의 말이 절대적인 권위를 가졌다. 그들은 오래 살았고 다른 사람들은 경험해보지 못한 사건들에 대해 길고 온전한 기억을 가지고 있었다.

인구의 절대다수가 문맹인 사회에서 문자 문화의 명맥을 이어가던 이들은 성직자들이었다. 서유럽 중세 사회에서 글을 읽고 쓸 줄 아는 거의 유일한 사람들이었다. 그들은 성서에 기록된 신의 말씀을 이해할 수 있어야 했다. 그래서 글을 읽고 쓰는 법을 배웠고, 자신이 몸담은 수도원이나 성당에 있는 작은 도서실에서 책을 베껴 써서 새로

책을 필사하고 있는 15세기 초 필경사의 모습.

신이 7일간 만물을 만드는 모습을 삽화로 묘사한 14세기 말 독일어 필사본 성서의 '창세기' 첫 페이지. 책이라기보다 예술 작품에 가까운 필사본 책의 화려한 면모를 엿볼 수 있다.

운 책을 만들어냄으로써 지식을 유지, 보존하는 역할을 했다. 책을 손으로 베껴 쓰는 필사(筆寫) 작업은 신에게 바치는 성스러운 노역의 일부였고, 따라서 많은 시간과 노력이 소요됐다. 수도사들은 글자 하나하나를 거의 그리듯 공들여 필사했고, 군데군데 특정 문구를 강조하는 붉은 글씨를 집어넣고 여백에는 화려한 삽화들을 그려넣었다. 이 때문에 하루 꼬박 작업해도 1쪽도 완성하지 못하는 일이 흔했다. 수도사 한 사람이 성서 한 권을 필사하는 데 보통 3년의 시간이 소요되었다고 한다. 이렇게 만들어진 책은 당연히 값을 따지기 어려울 만큼 귀한 물건이었다. 일례로 당시 잉글랜드에서 장서 규모가 가장 큰 것으로 알려졌던 캔터베리 대성당 도서실에는 (오늘날 웬만한 개인 장서가가 보유한 책보다 훨씬 적은) 2,000권, 케임브리지대학 도서관에는 불과 300권의 책이 있었다.

이러한 필사 문화에서는 책의 숫자가 적을 뿐 아니라 그것을 찾아보기도 어려웠다. 가령 오늘날 우리가 도서관이나 대형서점에 갔을 때 당연히 여기는 분류 체계나 검색 시스템 같은 것은 존재하지 않았다. 수가 그리 많지 않은 책들은 도서관의 서가에 무질서하게 배열되어 있었고, 그나마도 책등이나 표지에 저자나 제목이 적혀 있지 않은 것이 많았다. 그러니 어떤 책이 소장되어 있는지 제대로 알 수 없었고, 책을 찾으려면 일일이 펼쳐 보는 수밖에 없었다. 또한 책은 너무나 귀중한 물건이었기에 도난을 우려해 서가에 쇠사슬로 비끄러매놓은 도서관이 많았다. 책을 펼치면 혹시 흑심을 품을지 모르는 도둑에게 경고하는 문구가 적혀 있기도 했다.

활판인쇄술의 등장과 구텐베르크 혁신의 보수성

이런 상황에 변화가 시작됐다. 13세기 이후 서유럽 사회에 대학이라는 새로운 학문 공간이 나타났다. 초기의 대학이 들어선 파리, 옥스퍼드, 볼로냐 등의 도시에는 교수와 학생이 몰렸고 책의 수요가 커졌다. 여기서 상업적 출판업이 처음 등장했다. 물론 이때의 출판업은 필사한 책을 판매하는 것이었다. 출판업자가 책을 베껴 쓰는 필경사를 여럿 고용해 나눠 맡기는 식으로 책을 주문 생산했다. 또한 이 시기 즈음에 부유한 귀족 같은 상류층 가운데 취미로 책을 사 모으는 개인 소장가가 생겨나기도 했다. 그러나 글을 읽고 쓸 줄 아는 필경사가 부족해서 책은 여전히 웬만한 사람은 엄두도 못 낼 정도로 희귀하고 비쌌다. 대학에서도 책을 가진 사람은 드물었고 교수의 강의 역시 교재 없이 모두 말로 이뤄졌다.

이러한 배경에서 15세기 중엽 서유럽에서 인쇄술이 등장했다. 활자들을 짜 맞춰 책을 찍는 활판인쇄술을 서유럽에서 누가 발명했는지에 대해 다소 설왕설래가 있지만, 독일 마인츠 지방 출신의 은 세공업자 요하네스 구텐베르크(1400?~1468)가 이를 가장 먼저 해냈다는 데 대략적인 합의가 이뤄져 있다. 구텐베르크의 생애에 대해서는 아쉽게도 많은 자료가 남아 있지 않다. 그는 1440년경 스트라스부르에서 성물(聖物)—성인(聖人)이 남긴 옷가지나 유물 같은 성스러운 물건—을 보기 위해 여행에 나선 순례자들에게 납과 주석 합금으로 만든 거울을 만들어 팔았는데, 학자들은 이 과정에서 구텐베르크가 활자를 이용한 책의 인쇄라는 아이디어를 떠올린 것으로 추측한다. 그는 1450년경부터 요하네스 푸스트라는 상인과 동업해 분리된 활자를 이용해 성서를 인쇄하는 사업을 시작했다. 구텐베르크는 서로 짜 맞췄을 때 행과 열을 가지런히 배열할 수 있도록 규격이 일정한 활자를 주조했고, 램프 그을음과 아마씨 기름을 섞어 인쇄용 잉크를 만들었다. 포도주를 짜는 데 쓰던 나사 압착기를 이용해 종이 위에 놓인 활판에 강한 압력을 가함으로써 글자들이 선명하게 찍혀 나오게 했다. 3년에 걸친 작업 끝에 구텐베르크와 조수들은 총 1,282쪽으로 이뤄진 일명 '42행 성서'를 180권 인쇄하는 데 성공한다.

오늘날까지 온전한 형태로 남아 있는 구텐베르크 성서는 모두 21권이다(낱장이나 일부만 남은 것까지 합치면 49권이다). 그런데 현존하는 구텐베르크 성서들을 살펴보면 흥미로운 면이 있다. 필사한 책은 한 권 한 권 모두 다르겠지만, 인쇄한 책은 같은 활자판을 써서 만들었으므

구텐베르크가 고안한 나사 압착기를 써서 활자판 위에 종이를 놓고 인쇄하는 모습.

독일의 괴팅겐대학 도서관에 소장된 구텐베르크 성서의 창세기 첫 페이지. 군데군데 들어가 있는 붉은 글씨와 여백에 그려진 삽화가 보인다.

로 100퍼센트 동일할 것으로 예상할 수 있다. 그러나 구텐베르크의 성서는 그렇지 않았다. 서유럽에서 처음으로 책을 인쇄한 구텐베르크는 '책'이라는 것에 대해 사람들이 가지고 있던 선입견이나 기대에 부응해야 했다. 그래서 자신이 만든 성서를 최대한 필사한 책과 유사하게 만들려고 애썼다. 그는 필사본의 서체를 모방하기 위해 필요한 알파벳의 개수보다 훨씬 많은 290여 종의 활자를 만들었다. 가령 손으로 글자를 쓰면 이웃한 글자에 따라 모양이 조금씩 달라지는데 구텐베르크는 이런 점까지 표현하기 위해 하나의 글자에 대해 여러 개의 활자를 만들고 두 개 이상의 글자가 들어간 활자인 합자(合字)까지 만들었다.

또한 이렇게 인쇄한 성서에는 필사한 책처럼 붉은 글씨로 강조하는 문구를 넣을 자리를 비워두었다가 일일이 손으로 써넣었다. 심지어 삽화가를 따로 고용해 인쇄된 글자 바깥 여백에 화려한 삽화를 그려넣기도 했다. 그래서 오늘날 남아 있는 구텐베르크 성서들은 검은색으로 인쇄된 부분은 똑같지만 다른 부분은 모두 다른 고유한 판본들이다. 그가 찍어낸 성서의 가격이 생각보다 저렴하지 않았던 이유이다. 여기서 혁신적인 기술에 숨은 발명의 보수적 측면을 엿볼 수 있다.

구텐베르크의 성공 이후 서유럽의 여러 도시에 들불처럼 인쇄소가 퍼져나갔다. 30년도 못 되어 수십 개 도시에 인쇄소가 생겨나 아직 인쇄되지 않은 책들을 경쟁적으로 찾아내 인쇄하기 시작했다. 1450년부터 1500년까지 불과 50년 동안 서유럽에서는 1,000만 권이 넘는 책이 인쇄돼나왔다. 앞선 1,000년 동안 만들어진 책보다 훨씬 많은 양이었다(참고로 이후 1500년부터 1600년까지 100년 동안 인쇄된 책의 수가 대략

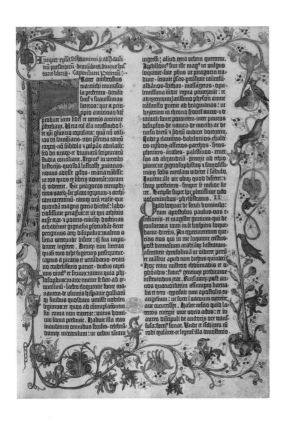

영국의 킹스 도서관에 소장된 구텐베르크 성서의 창세기 첫 페이지. 괴팅겐 판본과 붉은 글씨와 삽화가 다른 것을 볼 수 있다.

1450년 이후 유럽 여러 도시들에 인쇄소가 처음 생겨난 해를 표시한 지도.

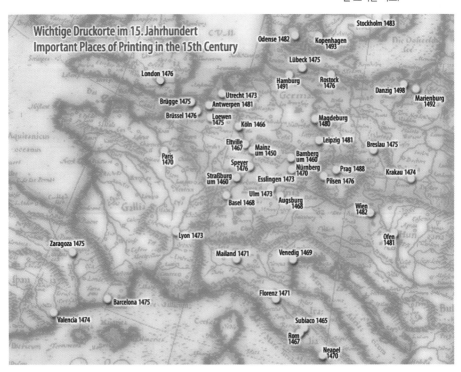

2억 권이다). 단연코 전례를 찾아볼 수 없는 '지식의 폭발'이 일어난 셈이다.

이처럼 인쇄술이 널리 보급되면서 인쇄본이 필사본과 외관상 비슷해야 한다는 강박관념도 사라졌다. 1480년경부터는 인쇄본에 삽화가가 일일이 손으로 그림을 그려넣는 대신 목판 인쇄 삽화를 추가하는 방법이 쓰이기 시작했다. (17세기 이후에는 더 세밀한 표현이 가능한 동판화가 등장한다.) 이러한 변화는 단지 책의 외관이 바뀌는 데서 그치지 않고 그것을 둘러싼 지식 문화에까지 미쳤다.

인쇄소, 지식 활동의 중심지가 되다

인쇄된 책이 당대의 지식 활동에 미친 영향을 이해하려면 먼저 그런 책들이 만들어진 장소, 그러니까 인쇄소(printer's workshop)가 어떤 곳이었는지 들여다볼 필요가 있다. 오늘날 우리는 인쇄소를 지식 활동이 이뤄지는 공간이라고 좀처럼 생각하지 않는다. 학자들이 활동하며 새로운 지식을 만들어내는 곳은 대학이나 연구소 같은 공간이고, 인쇄소(혹은 출판사)는 기술자들이 모여 있는 곳으로 그저 책을 찍어내서 지식을 널리 퍼뜨리는 역할만 한다는 것이 요즘의 일반 상식이다. 근대 초기 유럽에서는 그렇지 않았다. 인쇄소는 대학에 버금가는 지식 활동의 중심지이면서 동시에 새로운 사업의 중심지이기도 했다.

이를 이해하려면 어느 정도 상상력이 필요하다. 16세기 초, 아직 새로운 사업 분야인 인쇄업에 뛰어든 인쇄업자(master printer)가 있다고 하자. 그가 사업을 성공으로 이끌려면 어떻게 해야 할까? 가장 먼저 해야 할 일은 어떤 책을 인쇄소에서 찍어낼지를 결정하는 것이다. 큰돈을 들여 책을 찍었는데 사람들이 외면한다면 크게 낭패를 볼 테니, 어떤 책이 잘 팔릴지 미리 '시장 조사'를 할 필요가 있다. 이를 위해 지금까지 인쇄돼나온 책의 현황을 파악한 후, 아직 인쇄되지 않은 책 중에서 새로 인쇄해내면 이른바 '대박'을 칠 책을 알아내야 한다. 이를 판단하기 위해서는 상당한 지식이 있어야 한다. 물론 대학에 있는 학자들과도 교류해야 한다.

이렇게 인쇄할 책을 정하고 나면 원본이 될 필사본을 수소문해 구해야 한다. 앞서 설명했듯이 이는 말처럼 쉬운 일이 아니다. 필사본은 비싸고 희귀한 데다, 어디에 있는지 알기도 접근하기도 어렵다. 어렵사리 책을 구한다 해도 그 내용을 활판으로 옮겨야 하는데, 이를 위해서는 다양한 숙련 기술자들(조판공, 잉크공, 인쇄공, 제본공 등)을 고용하고, 수만 개의 활자를 새로 주조하고, 값비싼 양피지와 종이를 대량으로 사들여야 한다. 여기에 소요되는 막대한 자금도 융통해야 한다. 마지막으로 책을 찍어낸 후에는 광고를 통해 널리 알리고, 사상적으로 불온한 내용을 감시하는 가톨릭 검열관들을 상대하고, 재능 있는 저자들과 지속적인 관계를 맺는 일 등이 이어진다.

비록 짧은 요약에 불과하지만, 이는 인쇄소와 인쇄업자가 담당해야 했던 새롭고도 다양한 역할을 엿볼 수 있게 해준다. 인쇄소는 그저 책을 찍는 기술자들이 땀 흘려 일하는 장소가 아니라, 전례를 찾아볼 수

없는 문화 교류가 일어나는 공간이었다. 이곳에는 아직 접해보지 못한 새로운 책을 구하려는 대학교수, 성직자, 천문학자, 의사 등 지식인들이 드나들었고, 책을 만드는 과정에서 학자, 기술자, 미술가(책에 들어갈 삽화를 그리고 목판이나 동판으로 옮기는 일을 한다) 사이의 긴밀한 협동 작업이 이뤄졌다.

16세기 인쇄소의 모습. 왼쪽에 활자 상자에서 활자를 꺼내 짜 맞추는 사람과 활판에 오류가 없는지 교열을 보는 사람이 보이고, 오른쪽에는 활판에 잉크를 묻히는 사람과 나사 압착기로 인쇄를 하는 사람이 보인다. 이처럼 인쇄소에서는 수많은 사람들의 협동 작업이 이뤄졌다.

작업이 이뤄졌다. 인쇄업자는 아직 시장이 분명치 않은 첨단 기술 제품(인쇄된 책)을 만들어내는 사업가로서 시장 예측, 자금 마련, 생산 일정 관리, 광고와 판촉 등 여러 역할을 동시에 해내야 했다. 이 때문에 인쇄업을 '최초의 자본주의적 벤처사업'이라고 부르기도 한다.

인쇄술, 지식의 표준화를 낳다

그렇다면 이렇게 만들어져 보급된 수없이 많은 책들은 학자들의 학문 활동에 어떤 영향을 주었을까? 여러 가지를 생각해볼 수 있지만, 가장 중요한 점은 아무래도 '표준화'된 글, 그림, 지도 등이 널리 보급되었다는 데서 찾아야 할 것이다. 이 말에 고개를 갸웃할 수도 있다. 학자들이 표준화된, 그러니까 완전히 똑같은 책을 보면서 공부하고 연구한다는 것이 그렇게 중요할까? 이미 표준화된 지식의 세상에 살고 있는 우리로서 얼른 감이 오지 않을 수 있다.

이해를 돕기 위해 다음과 같은 상황을 생각해보자. 중세 유럽의 대학에 고대 그리스의 대학자 아리스토텔레스의 자연철학을 연구하는 두 명의 학자가 있다고 가정하자. 한 사람은 잉글랜드의 옥스퍼드, 다른 한 사람은 프랑스의 파리에서 학생들을 가르치고 있는데, 운 좋게 두 사람 모두 도서관에서 아리스토텔레스의 책 『자연학(Physics)』의 필사본을 찾아내 공부하게 되었다고 하자. 과연 두 사람은 '같은' 책을 보았다고 할 수 있을까? 결론부터 말하자면 결코 그렇지 않았다.

책을 손으로 베껴 쓰는 필사는 아무래도 실수나 누락 등이 생길 수밖에 없는 과정이고, 1,000년이 넘는 기간 동안 여러 차례의 필사를 거치며 오류가 누적되어, 유럽에는 같은 저자가 쓴 같은 책임에도 내용이 다른 여러 이본(異本)이 존재했다. 학자들은 공통의 학문적 기반을 갖추지 못한 채 제각기 활동을 할 수밖에 없었고, 심지어 두 사람이 편지를 주고받으며 학문적 교류를 하는 경우에도 같은 책을 놓고 토론

한다는 확신을 가질 수 없었다.

그러나 활판인쇄술이 도래하면서 이런 상황은 서서히 바뀌어갔다. 물론 인쇄된 책 역시 필사본을 가지고 만들었으므로 초기에는 수많은 이판본(異版本)이 범람했다. 그리고 조판과 인쇄 과정에서 생긴 실수가 이전에 없던 오류를 새로 만들어 오히려 혼란을 가중시키기도 했다. 필사 과정에서의 실수는 잘못된 책을 한 권 만들 뿐이지만, 인쇄 과정에서의 실수는 17세기 초 영국에서 만들어진 '사악한 성서(Wicked Bible)'처럼 잘못된 책을 수백, 수천 권씩 만들어 퍼뜨릴 수 있었다. 하지만 시간이 흐르면서 학자들은 같은 책이라도 여러 인쇄소에서 찍어낸 이판본들이 존재한다는 사실을 눈치챘고, 이 중 어느 것이 '원본'에 더 가까운지를 놓고 토론을 벌여 수많은 이판본들로부터 장점만을 취한 표준 판본을 만들기 시작했다. (이 과정에서 앞서 설명한 인쇄소들의 역할이 중요했다.)

1631년 잉글랜드의 출판업자 로버트 바커가 인쇄한 일명 '사악한 성서'. 조판공의 실수로 구약성서의 출애굽기 중 모세의 십계명이 나오는 부분에 'not'이 하나 빠져 6계명인 '간음하지 말라'가 '간음하라(Thou shalt commit adultery)'로 표기된 것을 볼 수 있다. 바커는 300파운드의 벌금형을 받고 출판 면허가 취소되었고, 성서는 모두 수거돼 불태워졌지만 이를 용케 모면한 10여 권의 책들이 현재까지 전해지고 있다.

ut.5.
nat.

6.20
atth.

om.

12 ¶ *Honour thy father and thy mother, that thy dayes may bee long vpon the land which the LORD thy God giueth thee.
13 *Thou shalt not kill.
14 Thou shalt commit adultery.
15 Thou shalt not steale.
16 Thou shalt not beare false witnesse against thy neighbour.
17 *Thou shalt not couet thy nighbours house, thou shalt not couet thy neighbours wife, nor his man-seruant,nor his maid-seruant,nor his oxe,nor

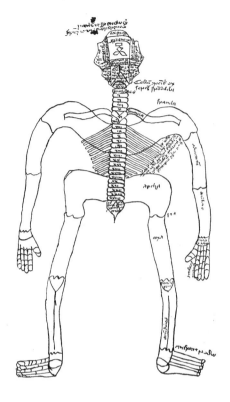

14세기의 의학 교과서 필사본에 필경사가 베껴 그린 인체 골격 그림. 의학도들이 이런 그림에서 배울 수 있는 것은 많지 않았을 것이다.

또한 인쇄 과정에서의 실수를 두고 인쇄소나 출판사에 책임을 물을 수 있었고, 인쇄소들은 이후 판매하는 책들에 정오표를 실어 오류를 바로잡을 수 있었다. (반면에 이전 세대의 학자들은 필사된 책을 읽다가 '실수'로 생각되는 부분을 발견하더라도 호소할 곳이 없었다. 게다가 원래 저자가 잘못 쓴 것인지, 아니면 여러 차례에 걸친 필사에서 잘못된 것인지조차 알 수 없는 경우가 허다했다.) 이러한 지적 되먹임(feedback) 과정이 가능해지면서, 사람들은 학문이 이전 세대 학자들이 얻었던 지식 기반 위에 새로운 지식을 차곡차곡 쌓아올리는 식으로 발전한다는 지식의 누적성과 진보의 개념을 믿기 시작했다.

표준화로 인해 변화한 것은 글뿐만이 아니다. 그림이나 지도 역시 손으로 그려넣는 대신 판화로 새겨넣게 되면서 복제가 쉬워졌고 정확도가 크게 향상했다. 중세에 책을 베껴 썼던 필경사들이 그림을 꼭 잘 그린 것은 아니었고, 필사본에는 형편없는 수준의 삽화가 실려 있는 경우가 많았다. 그런 만큼 삽화의 중요성도 그리 높게 평가되지 않았다. 그러나 인쇄술이 등장하면서 인쇄업자들은 이제 화가를 고용해 그림을 그리게 했고, 때로는 학자와 화가가 함께 작업을 하면서 대상을 정확히 묘사한 삽화를 책에 넣기도 했다. 근대 해부학을 열어젖힌 인물로 칭송받는 16세기 이탈리아 해부학자 안드레아스 베살리우스의 책『인체의 구조에 관하여』(1543)에 실린 정교한 해부도들을 보면 불과 200년 사이에 의학 서적에서 삽화의 의미가 얼마나 달라졌는지 알 수 있다.

인쇄술, 학자들에게 여유 시간과 독창적 연구의 가능성을 주다

인쇄술이 학문 활동에 미친 또 하나의 중요한 영향은 인쇄된 책의 엄청난 양에서 찾을 수 있다. 15세기와 16세기는 엄청난 지식의 폭발이 일어났던 시기이다. 이는 곧 학자들이 책을 접하는 것이 이전 시기에 비해 훨씬 쉬워졌음을 의미한다. 책이 희귀하고 구하기 힘들었던 시기에는 학자들이 평생 동안 접할 수 있었던 책이 극히 적었다. 따라서 몇 안 되는 책과 권위자의 말이 절대적으로 받아들여졌다. 그들은 반복된 필사로 인해 고대 그리스와 로마 시대의 찬란한 지적 유산이 왜곡되고 조각난 채로 전수되었다고 믿었기에, 그렇게 더럽혀지지 않은 고대인들의 지혜를 희구하고 숭배했다.

그러나 인쇄술의 도래는 이 모든 것을 바꿔놓았다. 이제 학자들은 지금껏 보지 못한 책을 찾기 위해 유럽 곳곳을 수소문하며 전전하고,

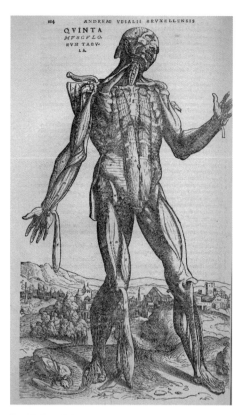

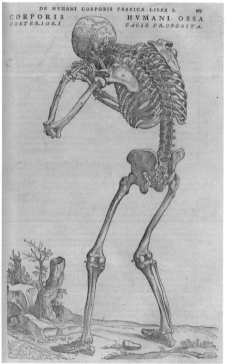

베살리우스의 『인체의 구조에
관하여』(1543)에 실린 인체의
근육과 골격 해부도. 벗겨진 피
부에 대한 생생한 묘사나 인체
의 정교한 비율을 목판 인쇄로
재현했다.

어렵게 찾은 책을 필사하고 그림을 베껴 그리는 데 시간을 낭비할 필요가 없게 되었다. 학생들 역시 기억법과 암기술을 익히는 데 많은 시간을 들이지 않아도 되었다. 책을 쉽게 구할 수 있게 되면서 학자의 개인 서재가 등장했고, 이제 책상에서 손만 뻗으면 고대의 대학자들이 남긴 여러 저술들을 읽어볼 수 있게 되었다. 가령 16세기 초에 유럽에서 지적 변방에 해당했던 폴란드의 시골 성직자 니콜라우스 코페르니쿠스는 자신의 개인 서재에 100~150권의 책을 두고 있었다. 그보다 100년 전만 해도 상상할 수 없던 일이다. 인쇄술의 등장이 일으킨 변화는 그만큼 심대했다.

변화한 지식 환경은 자연스럽게 기존 저술들의 비교 검토를 가능하게 했다. 그동안 숭배의 대상이 돼왔던 고대 학자들의 책들을 나란히 놓고 비교해보자 그들의 견해에 수많은 모순, 불일치, 오류가 존재한다는 사실이 드러났다. 한 사람의 책만 보았을 때는 눈치챌 수 없었던 문제들이 여러 사람의 책들을 함께 보면서 두드러지게 된 것이다. 이에 따라 고대인들의 지혜에 대한 확신은 약해졌고(앞뒤가 맞지 않는 얘기를 한 고대인들 중 누군가는 분명 틀렸을 테니까), 오래된 지식들을 새로운 방식으로 짜 맞추거나 아예 기존 틀에서 완전히 벗어난 새로운 지식을 추구하는 경향이 나타났다. 학자들은 책 속에 '고정된' 이전 사람들의 생각에 거리를 두고 볼 수 있게 되었고, 그와 다른 자신만의 독창적 연구에 더 많은 시간을 쏟을 수 있게 됐다. 그러면서 독창적인 생각과 연구를 보호하기 위해 저자(author)라는 개념과 저작권(copyright)의 관념이 등장했다. 중세에는 그에 맞는 단어조차 없던 표

폴란드의 천문학자 니콜라우스 코페르니쿠스(1473~1543)와 태양중심설을 주창해 근대 천문학혁명을 열어젖힌 것으로 평가받는 그의 책 『천구의 회전에 관하여』(1543)의 표지. 코페르니쿠스는 인쇄술의 등장으로 나타난 '지식의 폭발'에서 혜택을 입은 1세대 학자에 속했다.

절(plagiarism)이라는 개념이 생겨나 일종의 지적 범죄행위로 여겨지기 시작한 때도 이 즈음이다.

이러한 변화는 'original'이라는 영어 단어의 의미가 이 시기를 거치면서 180도 바뀌었다는 점에서도 엿볼 수 있다. 원래 'original'은 기원을 뜻하는 'origin'에서 파생된 단어로, 본래의 의미 역시 '기원이나 시초에 가까운', 다시 말해 '우주가 처음 창조된 사물의 기원에 가장 가까운' 것을 뜻했지만, 인쇄술 이후의 문화에서는 점차 그것과는 정반대인 '새로운'이나 '독창적인'이라는 뜻을 가진 단어로 변모했다. 결국 과거에 안주하지 않고 끊임없이 새로움을 추구하는 오늘날의 지식 문화는 돌이켜보면 멀리 인쇄술에 그 뿌리를 두고 있다고 할 수 있다.

2

산업혁명,
공장제의 출현과
노동의 변화

오늘날의 사람들은 '산업혁명'이라는 단어에서 흔히 세계사 책 어딘가에 실려 있음직한, 영국이라는 나라와 일차적으로 엮여 있는 오래되고 고색창연한 사건을 떠올린다. '3차 산업혁명'으로 불리던 정보사회 내지 네트워크사회를 넘어 '4차 산업혁명'이 사회적으로 화두가 된 작금의 상황에 비춰보면 '1차' 산업혁명은 마치 낡은 흑백사진 속의 풍경 같은 과거의 일로 느껴진다.

그러나 산업혁명(요즘은 이러한 변화가 좀 더 느리고 점진적으로 이뤄졌음을 강조하는 의미에서 '산업화'로 표현하기도 한다)은 과거 한때 나타났다 사라진 단발성 사건이 결코 아니며, 오늘날 우리 사회에 여전히 영향력을 미치고 있는 현재진행형의 과정이다. 오늘날 선진 산업국가에 사는 사람들은(한국 사회도 포함해서) 자신들이 시커먼 연기를 푹푹 뿜어내던 공장으로 대표되는 산업화의 단계를 넘어 정보화, 네트워크화, 모바일화의 시대를 살아가고 있다 생각하지만, 어떻게 보면 우리는 완전히 새로운 사회에 접어들었다기보다 여전히 18세기 말에서 19세기 초 영국에서 시작된 산업화 과정의 연장선상에서 살고 있다 할 수 있다. 그렇다면 이러한 산업혁명 내지 산업화가 인류 역사에서 갖는 의미는 무엇이고, 그러한 변화가 사람들이 노동하는 방식에 미친 영향은 어떤 것일까? 산업혁명기 영국의 대표 산업 분야 중 하나였던 면공업을 예로 들어 답해보기로 하자.

산업혁명으로 '맬더스의 덫'을 벗어나다

경제사를 연구하는 학자들은 인류 전체의 물질 생활을 근본적으로 바꾼 두 차례의 결정적 계기가 있었다고 말하곤 한다. 하나는 기원전 1만 년부터 세계 여러 지역에서 시작된 농업혁명이고(신석기혁명으로 부르기도 한다), 다른 하나는 18세기 말 영국에서 시작된 산업혁명이다. 농업혁명으로 인류는 들짐승이나 물고기를 사냥하고 야생 열매를 따서 먹던 떠돌이 수렵 채집 생활에서 벗어나 한곳에 정착해 농경 활동을 시작했다. 농업이 시작되면서 잉여 생산물이 늘었고, 이를 독점하는 이들과 그러지 못한 이들 사이에 계급이 나뉘었으며, 우리가 흔히 4대 문명으로 부르는 강력한 중앙집권적 국가가 생겨났다. 이는 분명 인류 전체의 역사를 통틀어 중요한 변화 중 하나이다.

그러나 농업혁명이 일어난 이후 수천 년 동안 인류의 물질 생활 수준은 별로 달라지지 않았다. 최근 경제사학자들의 연구에 따르면, 세계 인구는 기원전 5000년부터 서기 1600년 사이 대략 7,000년에 달하는 기간 동안 500만 명에서 5억 명으로 100배 정도 늘었다. 하지만 같은 기간 동안 사람들의 경제적 생활수준은 오늘날 사용하는 1인당 국내총생산(GDP) 수치로 환산하면 400달러에서 550달러 사이로 거의 일정하게 유지됐다. 한 추산에 따르면 기원전 800년 세계의 1인당 GDP는 543달러로 서기 1600년과 거의 동일했다고 한다. 맹인 유랑 시인 호메로스가 서사시 『일리아스』와 『오디세이아』를 썼던 시기와 영국의 윌리엄 셰익스피어가 『베니스의 상인』을 썼던 시기 사이에 세계는 엄청난 변화를 겪었지만. 사람들의 물질 생활은 평균 수명, 일일 소비 칼로리, 영아 사망률 등 그 어떤 기준으로 보더라도 크게 달라지지 않았다는 것이다. 오늘날 유엔에서 정한 최빈국(세계에서 가장 가난한 나라들)의 기준이 1인당 GDP로 대략 1,000달러 미만이니 당시 사람들의 생활수준은 요즘 가장 못 사는 나라들의 수준에도 상당히 못 미치는 정도였던 셈이다.

이처럼 사람들의 경제 생활이 오랜 기간 동안 정체되어 좀처럼 나아지지 못한 이유를 경제사학자들은 흔히 '맬서스의 덫(Malthusian trap)'이라는 표현으로 설명한다. 이 용어는 18세기 말 영국의 목사이자 경제학자였던 토머스 맬서스의 주장과 연관돼 있다. 맬서스는『인구론』(1798)이라는 유명한 책에서 인구는 기하급수적으로(1, 2, 4, 8 하는 식으로) 증가하는데 식량 생산은 산술급수적으로(1, 2, 3, 4 하는 식으로) 증가하므로 식량 공급이 인구 증가를 따라가지 못해 경제적 빈곤은 필연이라는 비관적 경제 사상을 내놓았다. 가령 개간을 통해 경작하는 토지를 넓히거나 새로운 기술을 도입해 식량 생산을 늘린다 해도, 인구 증가가 금세 이를 따라잡아 결국 한 사람에게 돌아가는 식량은 늘어나지 못하거나 심지어 줄어들어 기근 등의 파괴적 양상으로 나타날 수 있다는 것이 맬서스의 주장이다.

그런데 서기 1600년에서 2000년 사이에 어떤 '사건'이 일어나 이러한 정체 양상을 깨뜨렸다. 이 기간 동안 전 세계 인구는 5억 명에서 60억 명까지 10배 넘게 증가했는데, 놀랍게도 서기 2000년 세계의 1인당 GDP는 평균 6,000달러로 400년 전에 비해 역시 10배 이상 증가했다.

토머스 맬서스와 그의 책 『인구론』의 표지.

그 이전의 수천 년 동안 이어져온 경제적 정체의 굴레에서 비로소 벗어난 것이다. 이에 따라 서기 2000년의 평균적인 사람은 400년 전의 사람에 비해 훨씬 나아진 물질 생활을 영위할 수 있게 되었고, 평균 수명, 영아 사망률, 문자 해득률 등 경제적 수준과 관련된 거의 모든 지표가 향상되었다. 그 '사건'은 바로 영국에서 시작되어 전 세계로 파급된 산업혁명이다.

산업혁명을 거치면서 영국은 세계 최초의 공업국으로 탈바꿈했다. 1751년에 48퍼센트에 달했던 농업인구 비중이 1841년에는 25퍼센트까지 감소했고, 산업 부문별 비중도 1700년에는 농업 40퍼센트, 공업 21퍼센트로 농업이 공업을 두 배 가까이 앞질렀지만, 1821년에는 농업 26.1퍼센트, 공업 31.9퍼센트로 비율이 역전됐다. 또한 영국은 1851년에 전체 인구에서 도시 인구 비중이 50퍼센트를 넘은 최초의

세상을 바꾼 기술, 기술을 만든 사회

국가가 되기도 했다. 이와 함께 인구도 크게 늘었는데, 잉글랜드와 웨일스 지방을 합친 인구가 18세기 초만 해도 550만~600만 정도에 불과했지만 1801년에는 900만, 1831년에는 1,400만, 1900년에는 3,250만으로 급격히 증가했다. 주목할 점은 그처럼 늘어난 인구의 평균적인 생활수준 역시 크게 향상됐다는 사실이다. 영국인들의 경제적 생활수준을 오늘날의 1인당 GDP로 환산하면 1820년에 1,700달러였던 것이 1913년에는 4,900달러로 3배 가까이 늘어난 것을 볼 수 있다. 오늘날 산업화에 수반되는 다양한 문제점들(공동체 파괴, 인간소외, 환경오염, 빈부격차 심화 등)이 널리 알려져 있음에도, 아직 농업사회에 머물러 있는 후진국들이 앞다퉈 산업화에 나서는 이유는 바로 영국에서 시작된 산업화의 '마법'을 동경하기 때문이다.

기술혁신과 면공업의 부상

그렇다면 산업혁명 시기에 영국에서는 대체 어떤 일이 있었기에 이러한 변화가 가능했을까? 여러 이유를 꼽을 수 있지만, 그중에서 특히 기술혁신을 중요한 이유로 들어야 할 것이다. 산업혁명 시기에는 이전에 없던 새롭고도 중요한 기술들이 여럿 도입되어 생산성을 놀라울 정도로 향상시켰다. 이 시기에 영국의 대표적 산업 중 하나였던 직물공업, 그중에서도 특히 면공업에서 새로운 기술의 도입이 두드러졌다. 다양한 기계들이 도입돼 인간의 노동과 숙련을 대체하면서 생산성의 비약적인 발전을 이뤄냈다.

산업혁명을 거치며 직물공업이 어떻게 변모했는지를 이해하려면 먼저 직물이 생산되는 단계를 알 필요가 있다. 가령 면공업의 경우 면화의 씨앗에 붙은 섬유가 사람들이 입을 수 있는 천이나 옷으로 만들어지기까지 여러 단계를 거쳐야 한다. 먼저 면화에서 섬유를 빼낸 후 여기서 먼지나 흙 같은 불순물을 제거하는 세척 과정이 있고, 이어서 면화의 짧은 섬유들을 뻣뻣한 솔로 '빗질'해 엉킨 것을 풀고 길게 연결된 섬유 다발로 바꾸는 소면(梳綿, carding) 과정이 진행된다. 그다음에는 이렇게 긴 섬유 다발을 잡아당기면서 가늘게 꼬아서 실로 만드는 방적(紡績, spinning) 과정이 이어지며, 이렇게 만든 실을 씨실 사이로 날실을 번갈아 엇갈리게 해서 천으로 짜는 방직(紡織, weaving)으로 이어진다. 천이 만들어지면 다시 재단과 바느질을 통해 옷을 지어 입는 과정이 기다리고 있다. 산업화 이전에는 이 모든 과정들이 수작업을 통해 이뤄졌고, 여기에는 아주 많은 시간이 소요됐다. 이런 사실을 감안해보면 산업화 이전 사람들이 요즘과 비교해 가진 옷이 아주 적었다는 것이 그리 놀랍지 않다. 면화 같은 원재료를 실이나 천으로 만드는 과정은 너무나 수고롭고 오랜 시간이 드는 일이었다.

그러나 18세기 후반으로 접어들면서 이러한 과정들을 손쉽게 해줄 기계들이 속속 등장했다. 당시 영국은 국제 면직물 시장에서 인도 및 중국과 각축을 벌였는데, 경쟁을 위해 새로운 기술적 돌파구가 필요했다. 이러한 사회적 요구가 새로운 장치에 대한 발명가들의 욕구를 자극했다. 방적과 방직 중에서 먼저 기술혁신이 일어난 부문은 훨

양모를 실로 잣는 물레(위)와
천을 짜는 직기(아래).

제니 방적기

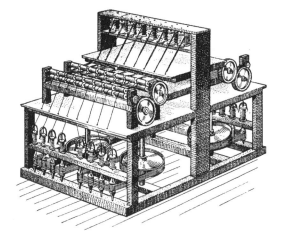

수력 방적기

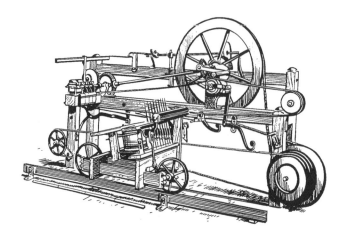

뮬 방적기

씬 많은 시간이 소요되는 방적이었다. 1765년에 영국의 기술자 제임스 하그리브스는 실 잣는 직공이 한꺼번에 수십 가닥의 실을 자을 수 있게 해주는 제니 방적기를 발명했다. 1768년에는 기술자이자 사업가인 리처드 아크라이트가 동력 기계인 수차에 연결해 쓸 수 있는 수력 방적기를 발명해 근대적 공장의 시대를 열었다(나중에는 증기기관이 수차를 대체한다). 뒤이어 1779년에 영국의 기술자 새뮤얼 크럼프턴이 제니 방적기와 수력 방적기의 장점을 취해 결합시킨 뮬 방적기를 세상에 내놓았다('mule'은 말과 당나귀 사이에서 태어난 노새를 가리키는 말로, 예전에 있던 두 기계를 뒤섞어 만들어냈다는 뜻이다). 이 기계는 수력 방적기처럼 동력 기계에 연결해 쓸 수 있었고, 인도의 숙련된 직공만 자아낼 수 있던 아주 가늘면서도 튼튼한 실을 만들어낼 수 있었다. 원래 방적과 방직 중에서 더 많은 시간이 소요됐던 것은 방적이었지만, 방적 부문에서 다양한 발명들이 이뤄지면서 둘의 관계가 역전됐다. 예전에는 천을 짜는 직공이 실 부족 때문에 기계를 놀리는 것이 일반적이었는데, 이제는 방적 부문의 생산성이 크게 향상되어 실은 남아도는데 이를 천으로 짤 직공이 부족해졌다. 이러한 상황은 또다시 기술혁신을 자극했고, 1784년에 목사이자 발명가인 에드먼드 카트라이트가 천을 짜는 직공의 행동을 기계로 구현한 자동 직기, 일명 역직기를 발명하면서 결실을 맺었다. 역직기는 이후 여러 차례의 개량을 거쳐 1810년경부터 널리 쓰이기 시작했다.

이러한 기술혁신을 거치면서 면공업의 생산성은 비약적으로 향상되었다. 가령 방적 부문을 예로 들어 보면 산업화 이전에는 면화 100

물 방적기와 역직기가 가동되
고 있는 1830년대 맨체스터의
면 방적공장(위)과 방직공장
(아래).

연도	면공업		양모공업	
	소비량(백만 파운드)	성장률(%)	소비량(백만 파운드)	성장률(%)
1741	2.06	1.37	57.0	1.30
1772	4.2	6.20	87.0	–
1798	41.8	12.76	98.0	0.5
1805	63.1	4.49	105.0	1.64
1820	141.0	6.82	140.0	2.03

산업혁명 시기 면공업과 양모공업의 규모와 성장률 추이. 산업혁명 이전인 1740년대에는 전통 직물공업인 양모공업에 비해 면공업의 규모가 미미했지만, 기계 도입과 공장 확산에 힘입어 1820년대에는 면공업이 양모공업을 추월한 것을 볼 수 있다.

파운드(45킬로그램)를 가공해 실로 잣는 데 대략 5만 시간이 소요되었던 반면, 산업혁명이 전개되면서 맨체스터 같은 대도시에 생겨난 거대 공장에서 증기기관으로 가동되는 뮬 방적기로 실을 자을 경우에는 소요 시간이 300시간으로 줄었다. 불과 수십 년 사이에 면공업의 생산성이 100배 이상 향상된 셈이다. 이처럼 놀라운 생산성 향상의 결과로 면공업은 영국에서 으뜸가는 산업 분야로 성장한다. 면공업은 영국의 전통적 직물공업 분야였던 양모공업을 앞지르며 1800년 전후로 매년 10퍼센트가 넘는 놀라운 성장률을 기록하고, 1830년대가 되면 영국 제조업 일자리의 16퍼센트와 국내총생산의 8퍼센트를 차지할 정도로 거대한 산업 분야가 된다. 당시 사람들은 면공업을 일컬어 산업의 왕이라는 뜻의 '킹 코튼(King Cotton)'이라고 부르기도 했다. 이러한 생산성 향상으로 영국은 값싸고 질 좋은 면제품을 대량으로 생산할 수 있게 되었고, 18세기까지 면직물의 수출보다 수입이 더 많았던 영국은 19세기로 접어들면서 수출을 주로 하는 나라로 변모했다.

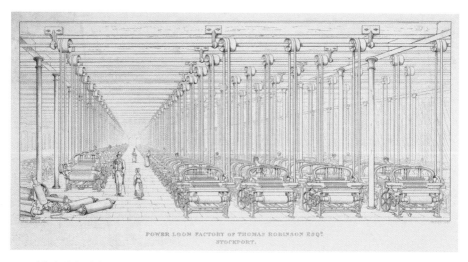

1840년대 말 맨체스터의 거대
한 방직공장.

영국산 면제품은 19세기와 20세기 초에 영국 제국
주의의 첨병과도 같은 상품으로 자리를 잡았고, 산업화 이전에 우수한
품질과 저렴한 가격으로 경쟁력을 갖고 있던 인도와 중국의 면공업
은 19세기 이후 공장에서 만들어진 영국산 면제품이 밀려들면서 거의
궤멸에 가까운 타격을 입었다. 20세기 초 영국의 식민통치에 맞서 비
폭력 무저항을 기치로 내걸고 인도의 독립운동을 이끈 간디가 물레와
베틀을 이용하는 인도의 전통 가내 직물공업을 되살리려 한 배경에는
이처럼 슬픈 역사가 자리 잡고 있다.

산업화 이전의 노동 방식과 공장제의 출현

이러한 변화, 즉 다양한 기계의 도입에 따른 직물공업의 변모는 단
지 생산성의 획기적 향상을 이뤄내는 데서 그치지 않았다. 어찌 보면

당연하게도, 이러한 변화는 바로 그러한 직물을 만들던 사람들이 일하고 휴식하고 여흥을 즐기는 방식에도 중대한 영향을 미쳤고, 더 나아가 직물공업의 노동력 구성 자체를 일시적으로나마 바꿔놓았다.

사람들의 노동 방식이 산업화로 어떻게 바뀌었는지 이해하려면 먼저 산업화 이전에 사람들이 어떻게 일했는지를 이해해야 한다. 산업화 직전인 18세기의 직물공업에서는 가내수공업(cottage industry)이 지배적인 생산 형태였다. 다시 말해 직물을 만드는 장소가 바로 직공들이 사는 집이었고, 여기서 일하는 사람들은 대체로 한 가족이었다는 말이다. 직물업에 종사하는 가정에서는 성인 여성이 물레로 실을 잣고 성인 남성이 직기로 천을 짜며 아이들은 그 외의 자질구레한 일을 거드는 식으로 작업하는 것이 보통이었다. 직공들이 사는 집은 대체로 농촌에 위치했기 때문에 그들은 직물업에만 종사하는 것이 아니라 농사를 같이 지었고, 직물 생산은 농한기에 일종의 부업으로 하는 경우가 많았다.

18세기의 직물공업은 대체로 선대제(先貸制) 방식에 의해 이뤄졌는데, 이는 상인 제조업자가 농촌에 있는 직공들에게 정기적으로 원재료(면이나 양모)를 제공하고 일정한 시간이 흐른 후 완성된 제품(직조된

19세기 영국 웨일스 지방에서 가내공업에 종사하는 가족. 남편은 직기로 천을 짜고 부인은 물레로 실을 잣는 전형적인 역할 분담을 잘 보여준다.

면(원재료)　상인　　방적공의 집　　방직공의 집　　완성된 직물　　도시

선대제 방식을 알기 쉽게 설명
한 그림. 여기서는 방직과 방적
공정이 서로 다른 가내 작업장
에서 이뤄지고 있다.

천)을 받아 가며 일한 대가로 품삯을 주는 방식이다.
여기서 원재료 조달에서 제품 판매에 이르는 전체 과
정의 주도권은 초기 형태의 자본가라고 할 수 있는 상
인 제조업자에게 있었고, 농촌의 가정에 흩어져 있는 직공들은 원재료
를 받아 실과 천으로 바꾼 후 이를 납품하는 역할만 맡았다.

　이러한 직물생산 방식에서는 노동의 리듬이 불규칙할 수밖에 없었
다. 자기 집에서 일을 했기 때문에 출퇴근이라는 개념이 없었고, 따라
서 일을 시작하고 끝내는 시점이 분명히 정해져 있지 않았다. 게다가
직공들은 대부분 농사나 가사 등 다른 일을 같이 했으므로 매일 정해
진 시간이나 양만큼 실을 잣거나 천을 짜기보다 당장 닥친 일들을 그
때그때 해치우는 식으로 일하는 경우가 많았다. 18세기 말 영국의 한
농부 겸 직공이 남긴 일기를 보면 그처럼 다양하고 불규칙한 작업 방
식을 엿볼 수 있다.

　　1782년 10월에 그는 천을 짜는 한편 추수와 탈곡 작업에도 매달려
　　있었다. 비가 오는 날이면 8.5 내지 9야드를 짤 수 있었다. 10월 14일
　　에는 마무리작업이 끝난 천을 옮기는 바람에 겨우 4.75야드밖에 못
　　짰다. 23일에는 3시까지 "밖에서 일하고" 해지기 전에 2야드를 짠 뒤

"저녁에는 외투를 수선했다." 12월 24일에는 "11시까지 2야드의 천을 짰다. 석탄더미를 쌓아올리고 부엌지붕과 벽을 쓸고 퇴비를 재두느라 밤 10시까지 일했다." 수확과 탈곡, 버터 만들기, 도랑파기, 텃밭손질 외에도 일의 목록이 상당히 많다.

1783년 1월 18일: "송아지 축사를 마련하고 오솔길 옆에 자라는 나무 세 그루를 베어 존 블라그로프에게 팔았다."

1월 21일: "2.75야드를 짰고 소가 송아지를 낳는데 보살펴줘야 한다." (다음 날 그는 핼리팩스로 걸어가서 소가 먹을 약을 사 왔다.)

1월 25일 그는 2야드를 짠 후 걸어서 가까운 읍내로 갔다. 그리고 "뜰에서 잡다한 선반 일을 하고 저녁에는 편지를 썼다." 그 밖에 마차를 이용한 삯일, 체리 따기, 제조소 댐 고치기, 침례교 집회에 참석하고 공개 교수형장에 나가는 따위의 일들이 있었다.*

이처럼 일하는 시간이 불규칙하다 보니 자연스럽게 휴식하는 시간도 불규칙하게 나타났다. 일이 급하면 밤을 새서 열 시간, 스무 시간씩 내리 일하기도 했지만, 납품 일자가 아직 여유가 있을 때는 내키는 정도에 따라 일을 쉬엄쉬엄 하거나 아예 쉬기도 했다. 영국의 역사가 E. P. 톰슨은 산업화 이전의 이러한 일과 휴식의 리듬을 일컬어 "한바탕 일하고 한바탕 노는 것의 반복"이라고 설명하기도 했다.

산업화 이전 시기에 영국의 노동자들이 흔히 지켰던 성 월요일(St.

---

* E. P. Thompson, "Time, Work-Discipline, and Industrial Capitalism", *Past and Present*, No. 38 (1967), pp. 71-72.

Monday)의 풍습은 이러한 전근대적 노동 습관을 잘 보여준다. 선대제하에서 상인 제조업자는 보통 일주일에 한 번 직공들의 집을 방문해 새로운 일감을 제공하고 완성된 제품을 회수하면서 그에 대한 품삯을 지불했는데, 이렇게 제조업자가 방문하는 날은 토요일인 경우가 많았다. 그러다 보니 직공들은 일을 마무리 짓고 품삯을 받은 토요일 오후부터 술을 마시며 여흥을 즐기기 시작했고, 과도한 음주의 후유증으로 일요일뿐 아니라 월요일까지(때로는 화요일까지) 일을 쉬는 것이 보통이었는데, 바로 이를 '성 월요일'이라고 불렀다. 그리고 다시 토요일까지 주어진 일을 마치기 위해 수요일부터 금요일까지는 미친 듯이 일하곤 했다. 성 월요일의 풍습은 제조업과 광업 등 다양한 산업 분야에 폭넓게 걸쳐 있었고, 선술집이나 도박판, 유혈 스포츠(blood sports, 개나 닭끼리 싸움을 붙이거나, 개를 부추겨 소를 죽이게 하거나, 닭에게 돌을 던지는 등 동물이 피를 흘리게 하며 즐기는 놀이) 같은 전근대적 놀이 문화와도 연관돼 있었다.

이러한 노동 방식은 18세기 말에 산업화의 물결과 함께 변화를 겪는다. 자신의 집에서 일하던 가내수공업 방식을 대신해 공장제라는 새로운 생산조직이 출현했다. 공장(factory, 초기의 소규모 공장은 'mill'이라 불리기도 했다)은 많은 수의 노동자를 한곳에 모아 일을 나눠 맡기고 작업 진행을 감독하며 규율을 지키도록 강제하는 생산조직으로, 오늘날을 사는 우리에게 너무나 익숙한 공간이다. 그러한 공장이 처음 등장한 때가 18세기 말이다. 1770년대에 영국의 발명가이자 기업가인 리처드 아크라이트가 수차를 이용해 가동하기 시작한 두 개의 방적공장

(spinning mill)이 흔히 최초의 근대적 공장으로 일컬어진다.

이러한 공장에서 어떤 일이 일어났는지를 알아보기 전에 먼저 왜 제조업자들이 공장이라는 새로운 생산의 장소를 선호했는가 하는 질문을 던져볼 필요가 있다. 선대제에 익숙했던 상인 제조업자들은 왜 직공들이 각자의 집에서 일하게 하는 대신 그들을 별도로 마련된 커다란 건물로 불러 모아 일을 시키고자 했을까? 여기에는 두 가지 이유가 있었다. 먼저 수차(나중에는 증기기관) 같은 대규모 동력 기계를 이용하려면 그에 걸맞은 커다란 건물과 설비가 있어야 했다. 직공들의 개별 가정에 그처럼 거대한 기계를 들여놓기는 불가능했다. 수력 방적기 같은 새로운 직물 기계를 활용하기 위해서는 그런 설비가 갖추어진 곳으로 노동자를 불러

리처드 아크라이트가 1771년에 문을 연 최초의 방적공장 건물. (황폐화되고 허물어진 건물을 1990년대 이후 복원한 모습이다.)

모아야 했다.

그보다 더 중요한 둘째 이유는 제조업자가 직공들에 대한 직접 통제를 강화하고 싶어 했다는 데 있다. 선대제하에서는 상인들이 원재료를 제공하고 완제품을 받아갈 뿐, 그 사이에 작업이 어떻게 진행되는지에 대해서는 아무런 영향력을 미칠 수 없었다. (앞서 설명한 성 월요일의 풍습이 이를 잘 보여준다.) 그러다 보니 불규칙한 노동 리듬 때문에 때로는 정해진 날짜까지 작업을 마치지 못하기도 했고, 상인이 제공한 원재료의 일부를 직공들이 빼돌려 개인적 용도로 사용하는 일도 자주 일어났다. (당시에 이는 횡령이라는 범죄 행위에 해당한다기보다 직공들이 지닌 관습적 권리의 일부로 받아들여졌다.) 상인들은 이러한 상황에 불만을 품었고, 작업 과정을 직접 감독할 수 있는 공장에 직공들을 모아놓고 일을 시키고자 했다.

세상을 바꾼 기술, 기술을 만든 사회

아동노동의 부상과 국가적 규제의 등장

그렇다면 가내수공업 방식으로 일을 하던 직공들은 이처럼 새로 생겨난 공장을 어떻게 생각했을까? 한마디로 말해, 그들은 자기 집이 아닌 다른 장소에 가서 다른 사람으로부터 감독을 받으며 일한다는 것을 끔찍이도 싫어했다. 선대제하에서는 납기일까지 제품을 완성하기만 하면 언제 일을 하고 언제 휴식을 할지 재량껏 정할 수 있었지만, 공장제하에서는 출퇴근 시간을 지켜야 하는 것은 물론이고, 그저 시키는 대로 일하고 쉬어야 했기 때문이다. 당시의 직공들은 공장에 가는 것을 마치 군대나 감옥에 가는 것과 비슷하게 여겼다니 그들이 얼마나 공장 노동을 싫어했는지를 엿볼 수 있다.

이에 맞서 공장주들은 노동자들에게 시간관념을 주입하기 위한 다양한 수단을 동원했다. 지각을 하거나 규율에 따르지 않으면 급여를 깎거나 해고를 하겠다고 위협했고, 교회나 학교 등을 통해 '시간은 금'이라는 메시지를 널리 전파하기도 했다. 그러나 공장에서의 규율 강제에 대한 직공들의 반발은 완강했고, 이 때문에 초기의 직물공장들은 거기 와서 일하겠다는 사람이 없어 만성적인 노동력 부족에 시달려야 했다. 결국 이 문제는 가내수공업에 익숙한 기존 노동자들이 아닌, 완전히 새로운 노동자군(群)에 눈을 돌리면서 해결됐다. 말을 잘 듣고 임금도 조금 주거나 거의 안 줘도 되는 아이들을 공장에서 일하게 한 것이다.

오늘날 선진 산업국가들에서는 성년에 이르지 않은 아동이 임금을 받고 일하는 것을 법적으로 금하고 있다. 많은 사람들은 아동노동 (child labor)이라는 단어를 들으면 방글라데시의 공장에서 운동화나 축구공을 깁거나 인도의 빈민가에서 버려진 넝마를 모으는 아이들을 연상한다. 그러한 일들은 법적 제도가 제대로 갖춰져 있지 않고 아직 빈곤에서 헤어나지 못한 후진국에서나 일어난다고 생각하곤 한다.

하지만 사실 아동 임금노동의 '원조'는 산업혁명기의 영국이다. 18세기 말에 생겨난 최초의 직물공장들은 수차를 이용했기 때문에 대체로 경사가 급하고 물살이 센 강의 상류에 위치했는데, 이곳은 거의 대부분이 인구 밀도가 희박한 농촌 지역이어서 공장에서 필요로 하는 노동력을 구하기가 쉽지 않았다. 가내수공업에 익숙한 인근 지역의 직공들은 공장에서 일하려 하지 않았고, 일자리를 찾는 사람이 많은 도시는 대부분 멀리 해안이나 강 하류에 위치해 있었다. 결국 최초의 직물공장들은 필요로 하는 노동력을 사회에서 가장 취약한 계층에서 구했다. 바로 구빈원(救貧院)에 맡겨진 고아들을 공장 노동자로 활용하는 것이었다. 당시 영국의 교구(敎區)에서 자선 기부를 통해 운영하던 구빈원들은 경기 악화로 늘어난 부랑아들의 처리에 골머리를 앓고 있었다. 초기 공장의 관리자들은 노동력 부족으로 고심하던 차에 서로 이해관계가 맞아떨어졌던 셈이다. 그래서 구빈원과 공장 사이의 계약에 따라 고아들을 수십 명에서 100여 명씩 한꺼번에 먼 시골의 공장으로 실어 나른 후, 여러 해 동안 감금한 채 숙식만 제공하면서 일을 시키는 이른바 구빈원 도제(pauper apprentice)가 초기 공장 노동의 중요한 부분을 차지하게 되었다. 한 추산에 따르면 1790년대 면공장에서

세상을 바꾼 기술, 기술을 만든 사회

일하던 노동력의 대략 3
분의 1이 구빈원 도제였
고, 곳에 따라서는 그 비
율이 80~90퍼센트에 달
하기도 했다고 한다.

18세기 말 구빈원에 수용된 아
이들.

　초기에는 고아들이 공
상 노동에서 큰 비중을 차지했지만, 시간이 지나면서
이러한 모습은 점차 바뀌었다. 1800년 이후에는 공장
에서 수차 대신 증기기관이 점점 더 많이 쓰이게 되었고, 이에 따라 공
장들의 입지도 강 상류의 농촌 지역에 둘 필요가 없게 되면서 맨체스
터 같은 공업도시로 옮겨졌다. 이와 함께 아동노동 역시 고아들을 납
치하듯 데려와 부리는 대신, 공장주가 아이의 부모와 계약을 맺고 고
용하는 방식으로 좀 더 일반화되었다. 공장에서 아이들은 열악한 조건
하에서 매일 12시간 넘게 일해야 했고, 이 과정에서 기계에 끼어 다치
거나 건강이 상하는 일이 종종 일어났다. 많은 아이들이 25세 전에 생
을 마감했고, 영국의 몇몇 공업도시에서 노동자들의 평균 수명은 20
세가 채 되지 않을 정도로 형편없이 낮았다.

　상황이 변화하기 시작한 때는 1830년대 초이다. 영국 하원의원 마
이클 새들러는 1831년에 직물공장에서 아동노동의 실태를 조사하기
위한 청문회를 개최하고 그 결과를 보고서로 발간했는데, 여기서 드러
난 참상이 당시 영국 사회를 깜짝 놀라게 했고 영국 의회가 아동노동의
규제에 나서게 했다. 1833년에 통과된 공장법(Factory Act)은 실효성을

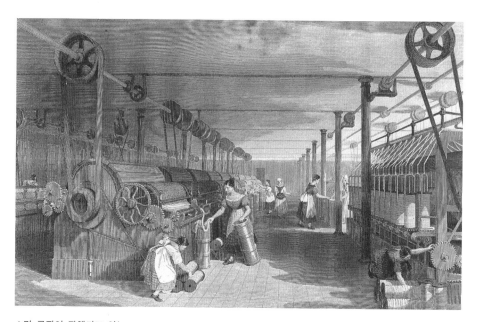

소면 공정이 진행되고 있는 1830년대 맨체스터의 면공장. 이곳저곳에서 아이들이 일하는 모습이 보인다.

갖춘 최초의 규제 법률로 꼽히는데, 직물공업에서 9세 미만 아동의 고용을 금지하고 9세에서 13세 미만 아동은 하루 노동 시간을 9시간 이내로 제한했다. 이후 공장법은 여러 차례의 개정을 거쳤고, 1880년대가 되면서 모든 산업 분야에서 13세 미만 아동의 하루 노동시간을 6시간 반으로 제한하고 학교에 의무적으로 다니게 하는 법률이 통과됐다. 이와 함께 아이들은 인생에서 특별한 기간을 보내고 있기 때문에 성인과 달리 일을 해서는 안되며 학교에서 교육을 받아야 한다는 인식이 비록 느리긴 했지만 확고히 자리를 잡기 시작했다.

결국 영국의 산업화는 전통적 가내수공업 방식을 선호하며 공장에서의 노동을 기피했던 성인 노동자들의 자리를 대신 메운 아동노동자들의 희생 없이는 가능하지 않았다. 산업혁명기의 놀라운 생산성 향

1908년 미국 남부의 방적공장에서 일하는 아이들. 미국에서는 영국보다 아동노동의 법적 규제가 수십 년이나 늦어 20세기 초에도 이런 모습을 흔히 볼 수 있었다.

상은 아무런 대가 없이 거저 얻어지지 않았던 것이다. 공장에서 가혹한 유년기를 보내고 성인이 될 때까지 '살아남은' 노동자들은 이전 세대와 달리 공장에서의 규율에 익숙했다. 이러한 새로운 노동자군이 등장하면서 비로소 공장제는 사회에 안착할 수 있었다.

3

제임스 와트,
증기기관과
국가적 영웅의 보수성

기술사에 별로 관심 없는 사람이라도 제임스 와트(1736~1819)라는 이름은 들어봤을 것이다. 와트는 18세기 말 영국에서 활동한 발명가, 엔지니어, 기업가로서 19세기 이후 영국의 국민적 영웅이자 산업혁명의 아이콘으로 발돋움한 인물이다. 그는 한 세기 뒤에 활동한 미국의 발명가 토머스 에디슨에 앞서 '천재 발명가'의 대중적 이미지를 만들어냈고, 과학계로부터도 그 업적을 인정받아 오늘날 그의 이름이 전력과 일률의 단위(W)로 쓰이고 있다. 우리가 미처 눈치채지 못한 사이에 와트는 우리의 일상생활 속에 깊숙이 들어와 있는 셈이다.

하지만 와트가 거둔 성공이 오롯이 그의 기술적 천재성에만 기대어 나온 결과였다고 믿는다면 이는 잘못일 것이다. 흔한 오해와 달리 에디슨, 포드, 라이트 형제, 스티브 잡스 같은 기술적 '위인'들은 결코 자신이 속한 사회를 '뛰어넘은' 인물이 아니었고, 와트 역시 이 점에서 다르지 않다. 와트는 18세기 말 영국 사회라는 환경 속에서 당대의 지배적 가치를 좇으며 기술적 문제들을 해결하려 애썼고, 그가 탁월한 발명가를 넘어서 위인이자 심지어 성인(聖人)의 수준까지 격상된 것은 와트 자신을 비롯한 다양한 사람들의 이해관계가 엉켜 빚어진 결과이다. 그렇다면 와트가 이뤄낸 기술적 업적은 정확히 어떤 것이고, 그것에 담긴 한계와 유산은 어떤 것일까? 이를 이해하려면 그의 이름에 항상 따라다니는 기술적 발명품인 '증기기관'의 역사를 먼저 살펴볼 필요가 있다.

실용적 증기기관이 등장하다―세이버리와 뉴커먼 기관

길거리에 나가 지나가는 초등학생을 아무나 붙잡고 제임스 와트가 누구인지 물으면, 십중팔구 '증기기관을 발명한 사람'이라고 답할 것이다. 와트가 어렸을 때 물이 끓는 주전자에서 김이 나오는 것을 보고 증기의 힘을 처음 깨달았다는 유명한 일화를 기억하고 있을지도 모른다. 하지만 와트는 증기의 힘을 가장 먼저 발견한 사람도, 실용적인 증기기관을 최초로 발명한 사람도 아니다. 증기의 힘을 써서 일을 할 수 있다는 생각은 굉장히 오랜 역사를 가지고 있고, 그 기원은 멀리 고대 그리스까지 거슬러 올라간다. 특히 기원후 1세기에 알렉산드리아에서 활동한 수학자이자 엔지니어였던 헤론은 증기의 힘을 이용한 다양한 '장난감'들을 만든 것으로 유명하다. 증기가 분출할 때의 추진력을 이용하는 회전 장치(aeolipile)는 이를 보여주는 좋은 사례이다.

이러한 철학적 장난감을 넘어 증기력을 경제적 수익을 가져올 수 있는 힘으로 바꿔놓으려는 노력이 시작된 것은 제조업과 광업이 점점 더 활기를 띠게 된 18세기 초 영국에서의 일이다. 광업에서는 여러 세기에 걸친 채굴 활동의 결과 손쉽게 캐어 쓸 수 있는 지표면 근처의 광물이 고갈되었고, 광부들은 광맥을 찾아 점점 더 깊은 곳까지 갱도를 파고 들어가게 되었다(18세기에는 깊이 100미터가 넘는 탄광이나 주석, 구리 광산을 흔히 볼 수 있었다). 문제는 땅속으로 깊이 파고 들어가면 갱도 내에 지하수가 고여 작업이 어려워지고 심할 경우에는 지지대가 약해져 갱도가 무너질 수 있다는 것이었다. 깊은 갱도 내에서 안정적

세상을 바꾼 기술, 기술을 만든 사회

와트가 13세 때 이모가 보는 앞에서 주전자에서 나오는 증기로 '최초의 실험'을 하는 모습을 담은 19세기 초의 판화. 아마도 가공의 산물일 이 유명한 일화는 와트의 사촌인 매리언 캠벨이 처음 언급했고, 대중 작가들에 의해 윤색되어 오늘날까지 전해져 내려오고 있다.

헤론이 고안한 증기력을 이용한 회전 장치.

으로 채굴하기 위해서는 갱도 내에 고인 물을 퍼 올리는 것이 필수적이었다. 처음에 이 작업은 사람이나 말의 힘을 빌려 이뤄졌지만, 갱도가 깊어지면서 비용이 커져 나중에는 캐낸 석탄이나 광물의 가격에 거의 근접할 정도까지 올라갔다. 이처럼 배보다 배꼽이 더 큰 상황을 피하기 위해서는 갱도의 배수에 드는 비용을 줄여야만 했다.

증기의 힘을 이용해 갱도의 물을 퍼내는 장치를 가장 먼저 만든 사람은 영국의 발명가 토머스 세이버리였다. 그는 1698년에 자신이 만든 증기펌프에 대한 특허를 출원했고, 이를 광고하기 위해 만든 전단에서 자신의 장치에 '광부의 친구(The Miner's Friend)'라는 애칭을 붙였다. 세이버리의 펌프는 두 단계로 작동했는데, 먼저 보일러에서 물을 끓여 나온 수증기로 용기(실린더) 내부를 채운 후 그 바깥에 찬물을 쏟아 부어 수증기가 응결할 때 생기는 진공을 이용해 갱도에서 물을 끌어올렸고, 이어 다시 수증기로 실린더 내부를 채울 때 증기의 압력으로 앞서 퍼 올린 물을 위로 밀어냈다. 갱도에서 물을 빨아올리는 것과 실린더 안에 있는 물을 다시 위로 밀어내는 과정을 계속 반복하는 장치였다.

아쉽게도 이 장치는 그리 믿음직한 '광부의 친구'가 되지 못했다. 첫째 단계에서는 진공의 힘을 이용했기 때문에 물을 퍼 올릴 수 있는 최대 높이가 10미터밖에 안 되었고, 실제 기관에서는 진공이 완전하지 않아 6미터 남짓 퍼 올리는 데 그쳤다. 또한 둘째 단계에서는 물을 수십 미터 높이로 밀어 올릴 만큼 보일러 내부 압력을 높일 수 없었다. 이 때문에 세이버리 펌프는 그리 깊지 않은 광산에서만 주로 쓰였다.

세상을 바꾼 기술, 기술을 만든 사회

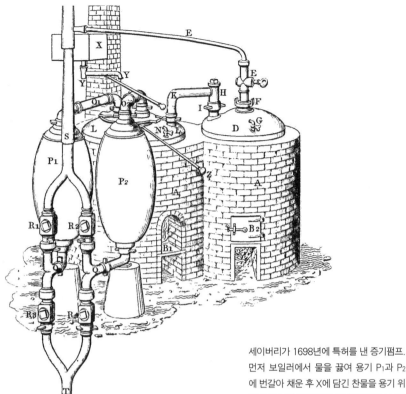

세이버리가 1698년에 특허를 낸 증기펌프. 먼저 보일러에서 물을 끓여 용기 P_1과 P_2에 번갈아 채운 후 X에 담긴 찬물을 용기 위에 쏟아 부어 용기 내에 진공을 만들고 코크 R_3와 R_4를 열어 아래에서 물을 끌어올린다. 이어 R_3와 R_4를 잠그고 R_1과 R_2를 연 후 수증기를 P_1과 P_2에 집어넣어 거기에 담긴 물을 위쪽으로 밀어 올린다.

이후 1715년에 세이버리가 사망하자 특허권을 넘겨받은 동업자들 사이에서 이를 더 쓸 만한 장치로 개량하려는 노력이 본격화되었다.

이 작업에서 성공을 거둔 인물이 세이버리의 동료 중 한 사람인 다트머스 출신의 철물공 토머스 뉴커먼이다. 뉴커먼은 1712년 버밍엄 인근의 탄광에서 자신의 대기압 증기기관을 처음 선보였다. 뉴커먼의 증기기관은 세이버리의 장치에서 제대로 작동하지 않던 둘째 단계(보일러의 압력으로 물을 위로 밀어 올리는 과정)를 제거하고, 대신 가운데 중심축을 두고 움직일 수 있는 거대한 수평 보를 넣어 펌프와

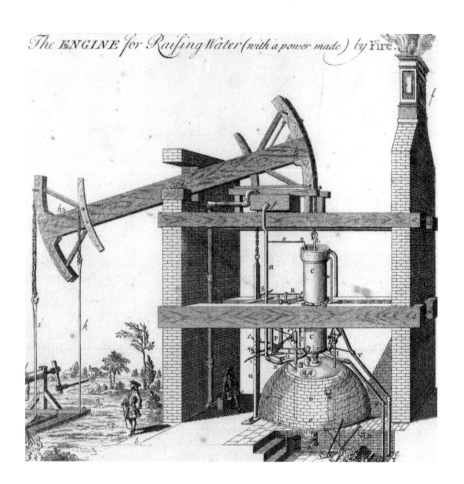

The ENGINE for Raifing Water (with a power made) by Fire.

뉴커먼이 1712년에 처음 선보인 대기압 증
기기관. 보일러(B)에서 물을 끓여 실린더
(C)에 집어넣은 후 수조(g)에 이어진 관을
통해 실린더 내부에 찬물을 분사해 생기는
진공으로 피스톤을 움직인다. 왼쪽에 그려
진 사람과 비교해보면 얼마나 규모가 큰 기
관인지 짐작할 수 있다.

실린더를 연결했다. 이 기관은 보일러에서 나온 수증기로 실린더를 채운 후 그 내부에 찬물을 퍼부을 때 생기는 진공을 이용해(바꿔 말해 피스톤 위에 작용하는 대기압의 힘을 이용해) 피스톤을 아래로 끌어내렸고, 이때 수평 보의 반대쪽 끝이 올라가면서 아래로부터 물을 퍼 올리는 방식으로 작동했다. 이 과정이 끝나면 펌프의 무게 때문에 수평 보의 펌프 쪽 끝이 다시 내려갔고, 실린더 내에 다시 증기가 채워지면서 같은 과정이 반복되었다. 증기기관의 규모를 키우면 한꺼번에 많은 양의 물을 퍼 올릴 수 있었기 때문에, 실제 만들어진 뉴커먼 기관은 굉장히 거대한 것들이 많다(흔히 덩치가 큰 물건을 가리켜 '집채만 하다'는 표현을 쓰지만, 처음 만들어진 뉴커먼 기관은 높이가 15미터에 달해 웬만한 '집채'보다 컸다).

뉴커먼 기관은 상업적으로 성공을 거둔 최초의 증기기관이다. 비록 효율 면에서 떨어지긴 했지만(그래서 석탄 가격이 저렴한 탄광 지대에서 주로 쓰였다) 1733년까지 광산의 배수 용도로 100여 대가 설치되었을 정도로 큰 인기를 누렸고, 1720년대 이후에는 영국인 기술자들에 의해 해외로도 확산되었다. 18세기 중반에는 오스트리아, 프랑스, 스웨덴, 아메리카 식민지 등 여러 나라의 광산에서 뉴커먼 기관을 볼 수 있게 되었다. 제임스 와트가 증기기관을 처음 접하고 그에 얽힌 문제를 푸는 데 나선 때가 이 시점이다.

제임스 와트의 혁신
—분리 응축기의 발명과 실용적 펌프의 완성

와트는 1736년 스코틀랜드의 작은 해안 마을 그리녹에서 태어나 18세기에 영국 제2의 도시로 성장한 글래스고에서 기구 제작자(instrument maker)가 되기 위한 도제 생활을 거쳤다. 그는 글래스고와 런던을 오가며 전문 기구 제작자가 되는 데 필요한 훈련을 받았고, 1757년부터는 지인들의 추천으로 글래스고대학에서 '수학 기구 제작자'로 일하기 시작했다. 대학에서 교수들이 학생을 가르칠 때 활용하는 다양한 관측 도구나 실험 장치들을 만들고 고치는 등의 일을 하는 자리였다. 아울러 그는 대학 내에 작업장을 차리고 조수들을 고용해 다양한 기구(저울, 천칭, 사분의, 나침반 등)를 만들어 상업적으로 판매하는 사업도 병행했다.

와트는 글래스고대학 졸업생이자 그의 친구이기도 했던 존 로비슨(나중에 에든버러대학 교수가 된다)의 권고로 증기기관에 관심을 가졌다. 그는 증기력 이용의 역사를 다룬 책들을 읽으며 지식을 습득했고, 증기의 수수께끼를 풀기 위한 나름의 실험을 고안해 여러 해에 걸쳐 직접 수행하기도 했다. 그러다 1763년에 기회가 찾아왔다. 대학에서 학생들에게 시연을 해 보이는 데 쓰던 뉴커먼 기관의 축소 모형이 잘 작동하지 않는다며 수리를 의뢰해 온 것이다. 그는 모형을 곰곰이 뜯어본 후, 모형에 있는 축소된 보일러의 크기가 기관의 연속적인 동작에 필요한 수증기를 공급하기에 너무 작다는 결론을 얻어냈다. 간단한 수리로는 해결되지 않는 구조적 결함이 있다는 것이었다.

그러나 와트는 이러한 결론을 얻은 데서 만족하지 않고 더 깊이 파고들었다. 그는 모형 기관과 실물 크기 기관 사이의 차이점을 면밀히 살펴보았고, 이 과정에서 모형이 아닌 실물 크기 뉴커먼 기관의 효율을 높이는 데 관심을 가지게 된다. 그는 뉴커먼 기관이 수평 보가 한

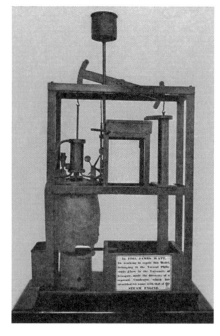

1763년 와트에게 수리가 의뢰된 뉴커먼 증기기관의 모형.

번 오르내리는 동작을 완수할 때마다 얼마나 많은 증기를 소모하는지 실험을 통해 알고자 했고, 이를 통해 최소한의 증기만 소모해 낭비를 줄이는 '완벽한 증기기관(perfect steam engine)'을 만드는 것을 목표로 삼았다. 그에 따르면 매번 동작할 때마다 정확히 실린더 하나를 채울 만큼의 증기만 소모하고 그 속에 물을 퍼 부을 때 완벽한 진공을 만들 수 있는 기관이야말로 '완벽한' 기관이었다.

물론 현실의 뉴커먼 기관은 그에 훨씬 못 미쳤다. 그는 실험을 통해 기관이 한 번 동작할 때마다 실린더 여러 개분의 증기가 소모된다는 것을 확인할 수 있었다. 이제 와트의 목표는 이러한 낭비의 원인을 찾아 제거하는 것이 되었다. 그는 실험 과정에서 실린더가 매번 동작할 때마다 계속 가열과 냉각을 반복하는 데 주목했다. 실린더 내부에 찬

물을 퍼 부을 때는 실린더 벽이 냉각되었고, 여기에 뜨거운 증기를 채울 때는 실린더 벽이 다시 가열되었는데, 이 과정에서 많은 양의 증기가 실린더 내부를 채우는 대신 단순히 실린더 벽을 데우는 데 쓰인다는 사실을 깨달은 것이다.

1765년, 그는 이 문제를 풀기 위해 골똘히 생각하다가 분리 응축기(separate condenser)의 개념을 떠올렸다. 실린더가 가열과 냉각을 반복하는 것을 막기 위해 수증기가 응축되는 별도의 공간을 만들고 실린더는 항상 뜨겁게, 응축기는 항상 차갑게 유지함으로써 증기의 낭비를 막는 것이었다. 이는 후일 와트의 명성을 높인 결정적 발명이자 산업혁명기를 통틀어 가장 중요한 발명 중 하나가 되었다.

분리 응축기의 개념에는 분명 뉴커먼 기관의 효율을 획기적으로 향상시킬 수 있는 잠재력이 있었지만, 실용화하기에는 갈 길이 멀었다. 와트에게는 아이디어를 발전시키는 데 필요한 재원이 없었고, 대학 내의

와트가 뉴커먼 기관의 모형을 보며 분리 응축기의 개념을 떠올리는 모습을 극화한 19세기 중엽의 판화 작품(1855). 창조의 순간에 대한 낭만적 시각이 엿보인다.

작업장을 운영하는 데 신경을 써야 했으므로 시간도 부족했다. 1768년에 그는 사업가 존 로벅을 소개받았다. 특허 출원에 드는 비용을 대고 그간 실험을 하느라 발생한 채무를 갚아주면 나중에 발생할 수익의 3분의 2를 주기로 계약을 맺었다. 이듬해에 분리 응축기 아이디어에 대한 특허를 출원했다. 하지만 문제는 여기서 끝나지 않았다. 로벅은 사업의 실패로 와트의 실험에 더 이상 돈을 대줄 여력이 없었고, 와트는 가족의 생계유지를 위해 운하 건설 현장에서 토목 엔지니어로 일하게 되면서 증기기관에 쏟을 시간이 부족해졌다. 이 때문에 와트의 증기기관 모형은 여러 해 동안 개발 작업이 중단된 채 사실상 방치되었다.

아이러니한 것은 로벅의 사업 실패가 와트에게 전화위복으로 작용했다는 점이다. 1773년에 로벅의 사업이 파산하면서 그에게 돈을 빌려준 채권자 중 한 사람인 버밍엄의 철물 제조업자 매튜 볼턴이 와트의 증기기관에 대한 권리를 인수했다. 볼턴은 와트를 사업 파트너로 받아들여 볼턴 앤 와트 사(Boulton & Watt)를 설립했고, 그에게 봉급을 지불해 생계 걱정 없이 증기기관 개발을 위한 작업에 집중할 수 있게 배려했다. 와트는 버밍엄으로 거처를 옮기고 증기기관 실용화를 위한 작업을 본격적으로 진행했다. 이는 빠른 속도로 결실을 맺었다. 1776년, 와트 증기기관이 처음 광산에 설치되었다. 최초의 성공이 널리 알려지면서 추가 주문이 들어오기 시작했다. 볼턴과 와트가 특히 사업 역량을 집중한 곳은 콘월 지방의 주석과 구리 광산이었다. 이곳은 탄광 지대가 아니었기 때문에 석탄 가격이 비쌌다. 따라서 광산업자들이

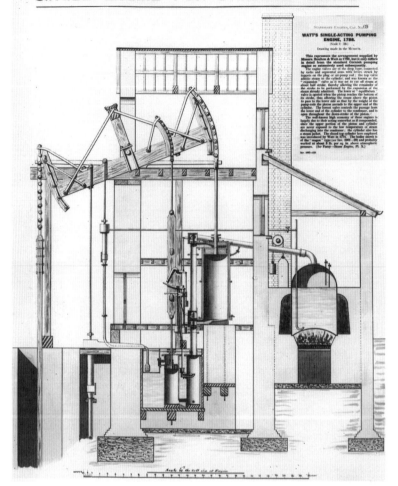

JAMES WATT 1788
SINGLE ENGINE FOR DRAINING MINES

분리 응축기를 이용해 광산에
서 물을 퍼 올리는 와트의 증기
기관(1788). 오른쪽에 보일러
가 있고, 실린더 왼쪽 아래에
분리 응축기와 공기 펌프가 붙
어 있는 것이 보인다.

증기기관의 효율에 민감했다. 콘월에는 1775년까지 모두 60대의 뉴커먼 기관이 쓰이고 있었는데, 이듬해 볼턴 앤 와트 사가 처음 두 대의 증기기관 주문을 받은 후로 와트 기관의 점유율이 점차 커졌고, 1800년에는 이 지방에만 55대의 와트 기관이 도입돼 뉴커먼 기관을 사실상 대체하였다. 그러나 와트는 여기에서 만족하지 않고 증기기관의 새로운 용도를 찾아 나섰다.

증기기관, 공장에서 기계를 돌리다

18세기 말 영국에서는 산업화의 진행과 함께 공장들이 우후죽순처럼 생겨나고 있었다. 당시 공장에서 쓰이던 주된 동력원은 강물의 흐름을 이용한 수차였다. 하지만 강물은 계절에 따라 수위가 오르락내리락했고, 갈수기에는 수량이 적어져 공장의 수차를 돌리기가 어려웠다. 일부 공장들은 부족한 물을 보충하기 위해 뉴커먼 기관을 펌프로 활용해 하류의 물을 퍼 올려 수차에 공급했지만, 이러한 방식은 여러 단계를 거치면서 동력 손실이 커졌고 썩 만족스럽지 못했다. 1780년대가 되면서 수차와 같은 회전 동력을 직접 얻어낼 수 있는 증기기관에 대한 요구가 커졌고, 발명가들의 관심도 이쪽으로 쏠렸다. 1781년에 볼턴은 영국 산업가들이 "증기공장을 미칠 듯이 원하고 있다(steam mill mad)"고 썼는데, 이는 당시의 분위기를 잘 포착한 표현이다.

와트 역시 광산에 설치하는 증기펌프가 만족스러운 수준에 도달한 1778년 이후로 관심을 회전 운동 기관으로 돌렸다. 이를 실용화하기 위해서는 이제 하나가 아닌 여러 개의 중요한 개념적 혁신과 발명이 필요했다. 와트는 1780년에서 1785년 사이에 다섯 개의 특허를 새로 출원해 증기기관을 이전과 다른 방향으로 개량해냈다. 먼저 실린더 안에서 움직이는 피스톤의 왕복운동을 회전운동으로 바꿔주는 장치가 필요했다. 이런 일을 담당하는 고전적인 기계학의 요소는 크랭크(crank)였고. 와트 역시 처음에는 크랭크를 이용한 동력 전달을 실험했다. 그러나 와트가 특허출원을 준비하는 동안 제임스 피커드라는 발명가가 크랭크를 증기기관에 사용하는 방법에 대한 특허를 1780년에 먼저 출원하고 말았다. 와트는 피커드에게 특허 사용료를 주고 이를 빌려 쓸 수 있었지만 자존심이 허락하지 않았다. 이듬해에 그는 연속적 회전운동을 얻는 다섯 가지 새로운 방법들에 대한 특허를 출원했고, 그중 하나인 유성 기어(sun-and-planet gear)—두 개의 톱니바퀴가 마치 태양과 그 주위를 도는 행성처럼 맞물려 움직이며 동력을 전달하는 장치—를 자신의 기관에 도입해 피커드의 특허를 우회할 수 있었다.*

왕복운동을 회전운동으로 바꾸는 데는 또 다른 문제가 있었다. 초기의 와트 기관은 그 이전의 뉴커먼 기관과 마찬가지로 단동식(single-acting) 기관이었다. 분리 응축기를 통해 생긴 진공의 힘으로 피스톤을

* 피스톤의 운동을 크랭크축으로 전달하는 기본적인 방식은 https://www.youtube.com/watch?v=w-kppjjYeYM에서 볼 수 있다. 이러한 방식은 오늘날 자동차 엔진에도 쓰인다. 이를 대신해 와트가 특허를 출원한 유성 기어의 구조는 http://www.wikiwand.com/en/Sun_and_planet_gear에서 볼 수 있다.

아래로 끌어내릴 때는 동력이 작용했지만, 반대로 피스톤이 위로 올라갈 때는 그저 수평 바의 반대쪽에 있는 펌프의 무게가 아래로 끌어내리는 것에 불과했다.[**] 증기기관을 펌프로 쓸 때는 이렇게 해도 별 문제가 없었지만 이를 연속적인 회전운동으로 바꾸는 경우에는 동력이 작용하지 않는 시간 동안 기관이 역행할 수 있다. 이에 따라 피스톤이 위로 올라갈 때와 아래로 내려갈 때 모두 동력이 작용하는 장치가 필요했다. 와트는 실린더 내에서 피스톤의 위아래 공간에 번갈아 증기를 공급하고 다시 이를 번갈아 분리 응축기로 빼내는 복동식(double-acting) 기관을 고안해 1782년에 특허출원했다. 이러한 개량을 통해 추가 비용은 거의 들지 않으면서 기관의 출력은 단동식의 2배로 늘릴 수 있었다.

복동식 기관은 회전운동으로 가는 길에서 중요한 혁신이었지만, 이는 다시 골치 아픈 문제를 야기했다. 단동식 기관에서는 수평 바의 끝과 피스톤 꼭대기가 쇠사슬로 연결돼 있었는데, 여기서는 피스톤이 아래로 내려가며 수평 바를 끌어당길 때만 동력이 작용하기 때문에 큰 문제가 되지 않았다. 반면 복동식 기관에서는 피스톤이 수평 바를 위로 밀어올리기도 해야 했기 때문에 쇠사슬로 연결할 수 없었다. 와트는 쇠사슬을 단단한 막대로 대체해 밀고 당기는 동력 전달이 모두 가능하게 만들었다. 그러나 이렇게 하니 수평 바의 끝과 피스톤 꼭대기

[**] 전형적인 단동식 기관인 뉴커먼 기관이 움직이는 방식은 http://www.animatedengines.com/newcomen.html에서 볼 수 있다. 피스톤 꼭대기와 수평 바의 오른쪽 끝이 쇠사슬로 연결된 점을 눈여겨보길 바란다.

앨비온 제분소(위)와 그곳에 설치된 와트의
복동식 회전 기관(아래). 오른쪽에 유성 기
어, 왼쪽 중앙에 실린더와 그 아래 연결된
분리 응축기가 있고, 그 위로 피스톤 꼭대기
와 수평 바의 끝을 연결하는 평행운동 막대
들과 기관의 회전 속도를 조절하는 조속기
(governor)가 보인다.

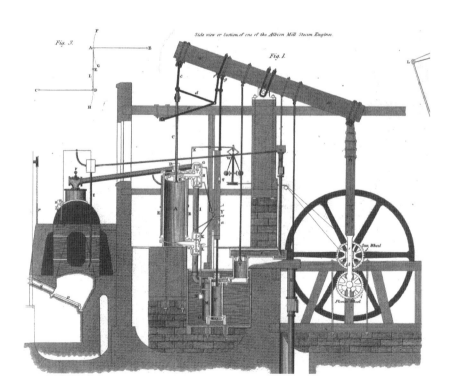

를 잇는 연결 막대가 좌우로 진동하는 문제가 발생했다. 수평 바의 끝은 상하운동이 아니라 원호운동을 하기 때문이다. 피스톤 꼭대기가 좌우로 진동할 경우 기계에 무리를 줄 수 있고 그 틈으로 증기가 새나갈 수 있기 때문에 이는 바람직하지 않다. 와트는 이 문제를 한동안 곰곰이 생각했고, 1784년 늦여름에 평행운동(parallel motion) 개념으로 해결했다. 일련의 막대들을 평행사변형 모양으로 연결해 피스톤 꼭대기가 상하운동을 하게 만드는 배치였다.* 간단한 기하학적 착상이었지만 와트 자신은 크게 만족했고, 오랜 시간이 흐른 뒤에 "내가 해낸 그 어떤 기계적 발명보다 평행운동이 더 자랑스럽다"는 개인적 소회를 밝히기도 했다.

볼턴과 와트는 이러한 일련의 혁신들에 근거해 회전운동 기관을 공장들에 공급했다. 1785년 노팅엄의 면공장에 와트 회전기관이 처음 설치됐고, 이듬해 두 사람은 런던 템스 강변에 증기 동력으로 가동되는 현대식 모델 공장인 앨비온 제분소(Albion flour mill)의 문을 열었다. 앨비온 공장은 이내 장안의 화제가 됐고, 홍보의 성공에 힘입어 두 사람은 추가 고객을 유치할 수 있었다. 볼턴 앤 와트 사는 1775년부터 1800년까지 영국에서 만들어진 증기기관의 30퍼센트에 해당하는 500대의 와트 기관을 제작했는데 이 중 300대가 회전운동 기관이었다. 이는 19세기 이후 영국 산업의 동력을 제공한 증기혁명을 촉발시켰다.

* https://www.youtube.com/watch?v=7LpHf0sslb8을 보면 평행운동 개념이 시각적으로 알기 쉽게 설명되어 있다.

와트의 성공 비결: 특허 연장과 경쟁자의 배제

그렇다면 와트가 경쟁자들을 따돌리고 처음에는 분리 응축기, 그 다음에는 회전운동 기관의 실용화에 성공할 수 있었던 비결은 어디에 있을까? 오늘날 우리가 와트를 증기기관의 '발명가'로 기억하게 된 것은 어떤 연유에서일까? 이는 볼턴과 와트의 동업 관계가 시작된 후 두 사람이 취한 일련의 사업 및 홍보 전략과 밀접한 연관이 있다.

먼저 볼턴과 와트의 특허 전략에 주목할 필요가 있다. 볼턴은 와트와 함께 회사를 설립하자마자 가장 급선무로 여겨졌던 일에 착수했다. 바로 와트가 취득한 1769년 특허의 기간을 연장하는 것이었다. 와트가 토목 엔지니어 일을 그만두고 버밍엄으로 와서 증기기관 연구에 다시 착수한 1774년 봄에는 이미 특허 기간이 5년이나 흐른 뒤였고, 그때까지의 투자는 거의 결실을 보지 못하고 있었다. 개발과 마케팅에 들어간 비용을 회수하기 위해 남은 기간은 8년밖에 되지 않았고, 이로부터 수익을 기대하려면 특허 기간 연장이 절실히 필요했다.

특허 기간 연장을 위해서는 영국 의회의 특별법 제정이 필요했고, 볼턴은 1775년 초 의회에 입법 청원을 냈다. 와트도 의원들을 설득하기 위한 홍보 책자를 제작해 여기에 힘을 보탰다. 볼턴은 능숙한 로비 기술을 발휘해 그해 3월 법안을 마련하는 데 성공한다. 그러나 특허 연장에 반대하는 세력이 결집하면서 법안 통과에 제동이 걸렸다. 와트와 경쟁하던 기술자들은 당연히 독점 연장에 반대했고, 특허 사용료를 물지 않고 증기기관을 사용하고 싶어 했던 광산 소유주들도 여기에 가세했다. 하지만 의회 곳곳에 친구들을 두고 있던 볼턴은 결국 새로운 법을 통과시키는 데 성공한다. 이로써 와트의 특허 기간은 1800년까지로 연장되고, 특허 취득 시점으로 소급하면 무려 31년간 분리 응축기 개념에 대한 독점을 유지할 수 있게 되었다. 역사가 에릭 로빈슨은 와트의 특허 연장을 "산업혁명에서 가장 중요한 사건"으로 칭하면서, 이것이 없었다면 와트의 기관은 결코 '완벽해질' 수 없었고, 증기혁명은 지연되었을 거라고 그 의의를 설명했다. 하지만 이는 동시에 법의 예외적 적용이면서 엄청난 특혜이기도 했다. 반대자들에게는 이것이 재앙이자 경쟁의 질식이었고, 기술 진보의 저해 내지 단절로 여겨졌다.

이후 볼턴과 와트는 자신들의 특허권과 영향력을 동원해 경쟁 엔지니어와 회사들의 활동을 억누르려 애썼다. 18세기 말의 발명가들은 진공을 이용하는 와트의 대기압 기관에 대한 대안으로 대기압의 몇 배, 심지어 몇 십 배에 달하는 고압의 증기를 실린더에 불어넣어 피스톤을 강하게 밀어내면서 동력을 발생시키는 고압 증기기관(high-pressure steam engine)을 실험하기 시작했다. 그러나 와트는 이러한 연구 방향에 대해 인지하고 있으면서도 이를 적극적으로 추구하지 않았고, 오히려 특허침해 소송 등으로 위협해 고압 기관의 개발을 방해하려 했다. 그 이유는 그가 분리 응축기와 완벽한 진공의 원리에 집착했기 때문이기도 했지만, 한편으로 고압 기관을 개발할 경우 보일러의 높은 압력 때문에 폭발 사고가 일어나 사업에 차질이 빚어질 것을 우려했기 때문이기도 하다. (19세기 전반기에는 잦은 보일러 폭발 사고로 많은 인명 피해가 발생했다. 와트의 우려는 결코 기우가 아니었다.) 와트의 조수였던 윌리엄 머독의 사례가 이를 잘 보여준다. 머독은 볼턴 앤 와트 사에서 와트 기관을 이용한 펌프를 콘월의 여러 광산에 설치하는 역할을 맡았는데, 1784년에 그가 고압 증기기관과 이를 이용한 탈것을 개발해 특허를 출원하자 와트는 볼턴과 함께 그를 설득해 고압 기관의 개발을 포기하게 했다.

와트의 경쟁자 중 한 명인 콘월의 발명가 조너선 혼블로워의 사례 역시 주목할 만하다. 혼블로워는 와트보다 1년 빠른 1781년에 복동식 펌프 기관의 특허를 출원했고, 곧이어 고압 증기와 두 개의 실린더를 사용하는 복합 기관(compound engine)을 고안했다. 이는 와트 기관보다 50퍼센트 정도 효율이 좋았고, 와트 자신도 개인적으로 보낸 편지에서 이를 인정한 적이 있다. 와트는 신문에 광고를 실어 혼블로워가 자신의 특허권을 침해했다고 주장했지만, 이는 혼블로워 기관의 확산을 막으려는 술책이었을 뿐, 특허권 침해 사실이 입증되거나 법정에서 유죄 판결을 받은 적은 없다. 1792년 혼블로워는 개발비 회수를 위해 의회에 특허 연장 신청을 했다. 이는 십수 년 전 볼턴과 와트가 시도했던 것과 흡사한 행동이었지만, 이번에는 볼턴이 의회 내의 연줄을 총동원해 특허 연장을 막았고 결국 혼블로워의 노력은 물거품이 되었다.

와트는 증기기관과 관련된 업적을 기술하는 데 있어서도 경쟁자들의 기여를 깎아내리고 모든 공적을 자신의 것으로 돌리는 데 집착했다. 1790년대 초에 와트의 친구이자 자연철학 교수인 존 로비슨은 『브리태니커 백과사전』 3판(1797)에 새로 들어가게 된 '증기와 증기기관'

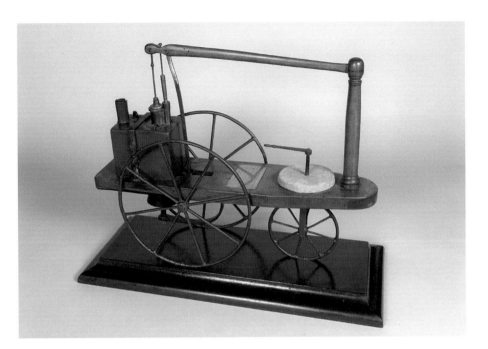

윌리엄 머독이 1784년에 만든
증기 탈것의 축소 모형. 머독은
와트의 설득에 따라 추가 개발
을 포기했다.

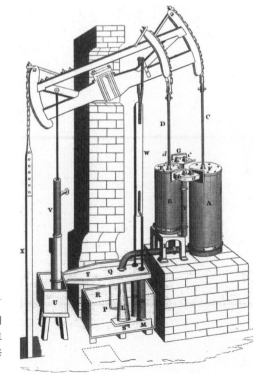

조너선 혼블로워가 1781년에
개발한 복합 증기기관. 직렬로
연결된 두 개의 실린더를 이용
해 효율을 높였다.

THE

ARTICLES

STEAM AND STEAM-ENGINES,

WRITTEN FOR THE ENCYCLOPÆDIA BRITANNICA,

BY THE LATE

JOHN ROBISON, LL.D. F.R.S.E. &c.

PROFESSOR OF NATURAL PHILOSOPHY IN THE UNIVERSITY
OF EDINBURGH,

AND FORMING PART OF DR ROBISON'S WORKS, EDITED BY

DAVID BREWSTER, LL.D. F.R.S. L. & E.

WITH NOTES AND ADDITIONS,

BY

JAMES WATT, L.L.D. F.R.S.L. & E.

MEMBER OF THE NATIONAL INSTITUTE OF FRANCE, AND OF THE
BATAVIAN SOCIETY OF ROTTERDAM.

AND

A LETTER ON SOME PROPERTIES OF STEAM,

BY THE LATE JOHN SOUTHERN, Esq.

EDINBURGH:

Printed by James Ballantyne & Co.

FOR JOHN MURRAY, ALBEMARLE-STREET, LONDON.

1818.

존 로비슨이 『브리태니커 백과사전』을 위해 집필한 '증기와 증기기관' 항목의 표지. 로비슨 사후에 와트가 여러 차례 자신에게 유리한 방향으로 고쳐 썼다.

이라는 항목의 집필을 맡았다. 이 항목은 당대의 첨단기술이었던 증기기관에 대한 최초의 역사적 기술이자, 혼블로워를 포함한 여러 당사자들의 기여에 대한 대단히 균형 잡힌 서술이었다. 하지만 와트는 이를 크게 못마땅하게 생각했고, 이후 여러 차례에 걸쳐 해당 항목을 직접 수정했다.

처음에 그는 자신이 혼블로워보다 먼저 아이디어를 떠올렸다고 했고, 나중에는 아예 혼블로워 기관 자체가 자신의 것을 훔친 결과라고 주장했다. 이는 모두 사실이 아니었지만, 19세기 초 이후 와트의 편향된 서술은 증기기관의 역사에서 표준적 해석으로 자리를 잡았고 혼블로워는 사실상 역사 기술에서 자취를 감춰버리고 만다. 물론 와트의 집착을 단지 개인적인 명예욕으로만 돌린다면 온당하지 않을 것이다. 이는 독점권을 유지하고 경쟁자들을 따돌리려는 볼턴과 와트의 사업 전략이 연장된 결과이기도 했다.

와트의 성공 신화와 그 한계

볼턴과 와트는 특허 기간이 만료된 1800년에 아들들에게 회사를 넘겨주고 사업 일선에서 물러났다. 와트는 은퇴한 후 버밍엄 인근의 자택 다락방에 작업장을 만들고 개인적으로 좋아하는 발명과 실험을 하며 소일했다. 1819년 와트가 사망하자 그가 일하던 작업장은 원형 그대로 보존하기 위해 폐쇄되고, 1924년 내용물이 런던 과학박물관으로 옮겨지기 전까지 무려 105년 동안이나 거의 방문객을 받지 않은 채 유지되었다. 19세기 이후 영국사에서 산업혁명이 점점 더 중요한 사건으로 여겨지면서 와트의 대중적 명성도 비례해 높아졌고, 와트를 기리는 그림, 메달, 조상(彫像) 등이 영국뿐 아니라 세계 곳곳에 퍼져나갔다. 이는 와트가 단지 뛰어난 발명가나 사업가가 아니라 국가적 귀감이자 일종의 '성

1924년 런던 과학박물관으로 옮겨지기 직전의 와트 작업장. 이곳은 와트 사후 105년 동안 원래 상태 그대로 보존되었다.

일본 정부가 메이지 유신 이후
인 1870년경 어린이들에게 보
급한 교재에 실린 제임스 와트
의 모습. 와트의 유명한 '주전
자 일화'가 재현돼 있다. 이는
19세기 말 와트가 누린 국제적
명성의 일부를 잘 보여준다.

버밍엄 시에 세워져 있는 매튜
볼턴, 제임스 와트, 윌리엄 머
독의 금장 동상. 산업혁명의 영
웅으로 추앙받는 세 사람이 미
래의 사업 계획을 논의하는 모
습을 형상화했다.

인’ 같은 반열에 올랐음을 말해준다. 100여 년 후 에디슨이 걸었던 길과 비슷한 경로를 앞서 보여준 셈이다.

그러나 살펴본 것처럼 와트의 혁신에는 공(功)과 과(過)의 측면이 모두 있다. 1770년대에 볼턴과 와트는 새로운 특허에 입각한 발명을 사회에 안착시키기 위해 안간힘을 쓴 혁신가들이었지만, 시간이 흐르면서 두 사람은 자신들이 가진 독점권을 지키려는 기술적 보수주의자로 탈바꿈했다. 두 사람은 증기기관 개량에 대한 발명가들의 새로운 아이디어 도입을 막으려 애썼고, 고압 증기기관이나 이를 이용한 철도 같은 새로운 혁신들은 와트의 특허가 만료된 후에야 실용화될 수 있었다.

4

철도, 운송혁명과
국민국가 건설에
이바지하다

18세기 말 영국에서 제임스 와트와 매튜 볼턴은 광산과 공장에서 '증기혁명'으로 가는 첫걸음을 내디뎠다. 그러나 와트가 개발한 증기기관에는 중요한 한계가 있었다. 와트 기관은 이전에 쓰이던 뉴커먼 기관과 마찬가지로 덩치가 매우 크고 무거운 장치였고, 이 때문에 대체로 붙박이로 설치되어 동력을 공급하는 용도로 쓰였다. 와트 기관이 흔히 '고정식 기관(stationary engine)'으로 불린 이유도 그 때문이다.

  그러다 19세기로 접어들며 증기기관을 운송수단(배, 마차, 수레, 화차 등)과 결합해 이동식 동력원으로 삼으려는 노력이 본격화되었다. 18세기 말부터 여러 발명가들이 실험해온 고압 증기기관은 기존의 증기기관보다 작고 가벼우면서도 출력이 커서 이러한 새로운 용도에 적합했다. 증기력을 이용한 여러 운송수단들(특히 증기선과 철도)은 19세기에 운송 분야에서 혁명을 일으켰고, 이는 사람과 물자의 수송을 쉽게 하고 멀리 떨어진 사람들 사이에 공유된 의식을 만드는 데 기여했다. 이러한 변화가 어떠한 양상으로 나타났는지 영국과 미국의 철도를 비교해가며 살펴보도록 하자.

증기 철도의 출현

19세기 초 등장한 고압 증기기관은 철도에 응용되며 그 진가를 발휘하기 시작했다. 하지만 철도(railway)가 이 시기에 처음 등장한 것은 아니다. 만약 철도를 '선로 위에 바퀴 달린 탈것을 올려 움직이는 것'으로 정의한다면, 그런 발명품의 기원은 멀리 고대까지 거슬러 올라간다. 오늘날의 철도와 흡사하게 나란히 뻗은 두 개의 선로 위로 네 개의 바퀴가 달린 수레가 물건을 운반하기 시작한 것은 15세기 독일의 광산업이 처음이고 이후 유럽의 다른 지역들로 확산되었다. 막장에서 광산 입구까지, 여기서 다시 배가 다닐 수 있는 수로까지 석탄이나 각종 광석을 실어 나르는 데 주로 쓰였는데, 이때 화차(貨車)는 사람이 밀거나 말이 끌어서 움직였고, 화차가 달리는 레일은 대부분 목제였다. 당시 광산에서 철도가 널리 쓰였다는 사실은 독일 학자 게오르기우스 아그리콜라가 1556년에 출간해 널리 읽힌 기술 서적『금속에 관하여』에 광차(鑛車)에 관한 상세한 묘사가 포함된 것을 보아도 알 수 있다.

그렇다면 우리가 아는 증기기관차가 끄는 철도는 언제 시작되었을까? 이와 연관해 결정적 역할을 한 인물이 영국 콘월 지방의 광산 기술자이자 발명가인 리처드 트레비식이다. 트레비식은 1800년에 분리 응축기를 제거하고 고압의 증기로 피스톤을 구동한 후 여기서 나오는 증기를 곧바로 공기 중에 배출하는 새로운 원리의 증기기관을 개발했다. 이어 1804년에는 자신이 개발한 증기기관을 선로 위에 얹어 화차를 끄는 동력으로 활용하는 최초의 증기기관차를 만들었다. (우리가 흔

세상을 바꾼 기술, 기술을 만든 사회

아그리콜라의 책『금속에 관하여』(1556)에 수록된 광차의 도해.

히 증기기관차와 관련해 떠올리는 의성어인 '칙칙폭폭'은 피스톤의 마찰음과 실린더에서 고압의 증기가 뿜어져나올 때의 소리를 형상화한 것이다. 반면 분리 응축기에서 증기를 물로 바꿔 배출하는 와트 기관에서는 그런 소리가 나지 않는다.) 그는 이 기관차로 10톤의 철과 70명의 인부들을 15킬로미터 길이의 선로 위로 끌고 가는 시연에 성공했다.* 트레비식의 발명은 증기 철도의 가능성을 처음으로 제시했고, 이후 여러 발명가들이 다양한 방식의 증기 철도를 시도하도록 자극했다.

하지만 트레비식의 증기 철도에는 한 가지 중대한 결함이 있었다.

---

* 트레비식의 최초 기관차는 영국 스완지 시에 있는 국립해안박물관(National Waterfront Museum)에 원형에 가깝게 복원되어 전시돼 있으며 실제로 동작하는 모습도 볼 수 있다. https://www.youtube.com/watch?v=SzYGgXibE6w 참조.

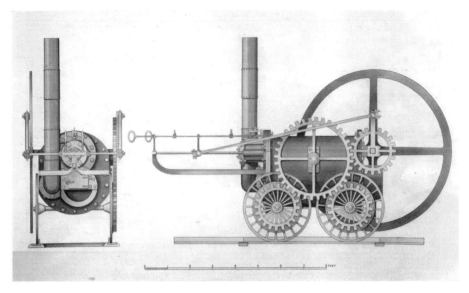

리처드 트레비식이 1803년경
에 개발한 증기기관차의 도면.

트레비식이 1808년에 유료
관람객을 대상으로 공개한 기
관차 '나 잡아봐라(Catch Me
Who Can)'의 시연 모습.

증기기관차가 운행하고 난 후 선로가 파손되는 일이 반복된 것이다. 증기기관과 동력전달부 등을 합치면 기관차 무게만 5톤이 넘게 나갔는데, 애초 말이 끄는 화차를 위해 만들어졌던 목제 선로는 이러한 하중을 감당하기에 역부족이었다. 트레비식은 1805년에도 새로운 기관차를 만들어 시연했지만 선로 파손 문제를 해결하지는 못했다. 그럼에도 그는 굴하지 않고 1808년에 자신의 증기기관차를 홍보하기 위한 행사를 열었다. 런던의 버려진 공터에 800미터 길이의 원형 선로를 깔고 입장료를 낸 '관람객'들에게 증기기관차를 구경거리로 시연해보인 것이다. 하지만 이러한 '서커스' 역시 그리 큰 성공을 거두진 못했다. 나중에 트레비식은 남아메리카의 페루로 가서 새로운 사업 기회를 모색했지만, 페루의 어지러운 정세 때문에 애초 생각했던 사업의 꿈은 펼쳐 보지도 못한 채 귀국해야 했다.

사실 트레비식이 직면한 문제에 대한 해법은 이미 나와 있었다. 목제 레일을 깔거나 그 위에 얇고 긴 철판을 덧대어 보강하는 대신 전체를 철로 만든 레일을 부설하는 방법이었다. 하지만 목제 레일을 철제 레일로 바꾸면서 새로운 문제가 부각됐다. 기관차의 매끈한 철제 바퀴와 매끈한 철제 레일이 서로 미끄러져 구동에 필요한 마찰력을 얻을 수 없을 거라는 우려가 그것이었다. 지금에 와서 돌이켜보면 다소 우스꽝스러운 생각처럼 느껴지지만, 당시의 발명가와 엔지니어들은 이를 매우 심각하게 받아들였고 이 문제에 대처하기 위한 다양한 기술적 해결책들을 쏟아냈다. 1812년 존 블렌킨숍은 바퀴가 미끄러지는 것을 막기 위해 증기기관으로 구동되는 톱니바퀴가 톱니가 달린 선로

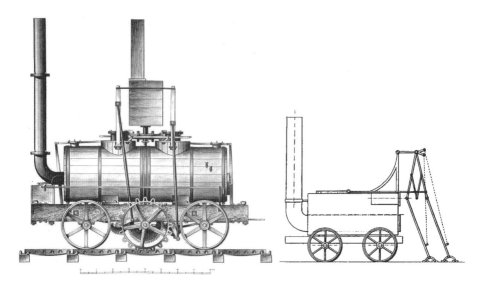

블렌킨솝이 만든 톱니바퀴 기
관차(왼쪽)와 브런튼의 '증기
말'(오른쪽).

와 맞물리며 동력을 전달하는 철도를 구상했고, 비슷

한 시기에 윌리엄 브런튼이라는 발명가는 심지어 말

의 다리를 모방한 기계 막대로 땅을 번갈아 차서 추진

력을 얻는 기관차를 제안하기도 했다. 이러한 우려는 1830년대까지

계속되다가 철도 운행의 경험이 쌓이면서 서서히 사라졌다.

영국, 철도 운송혁명의 시대를 열다

트레비식의 최초 시연 후 10여 년 동안 증기 철도를 실용화하려는

발명가와 엔지니어들의 노력이 이어졌지만 결과는 다소 지지부진했

다. 해결되지 않은 기술적 문제들이 여럿 남은 상황에서 어느 누구도

큰돈을 들여 증기 철도의 부설에 본격적으로 나서려 하지 않았다. 새

로 부설 허가를 받은 철도들은 대부분 기관차가 아니라 말이 끄는 철도

세상을 바꾼 기술, 기술을 만든 사회

로 구상됐고, 단일 탄광이나 제철소의 필요에 맞춰 짧은 구간을 운행하는 것들이었다. 이를 넘어 '철도 시대'를 열기 위해서는 많은 사람들을 설득할 수 있는 획기적인 성공 사례가 필요했다. 영국의 엔지니어 조지 스티븐슨과 그의 아들 로버트 스티븐슨이 바로 그 일을 해냈다.

조지 스티븐슨은 1814년에 처음 고압 기관을 제작했고, 이후 15년에 걸쳐 이를 여러 가지 측면에서 지속적으로 개량했다. 결정적인 기회는 스티븐슨이 스톡턴-달링턴 철도(Stockton and Darlington Railway)의 부설을 담당할 토목 엔지니어로 선정된 1821년에 찾아왔다. 광산 지대를 지나는 이 철도는 석탄을 탄광에서 항구로 수송하는 것을 염두에 두고 부설 허가를 얻었고 말이 끄는 화차를 운행할 예정이었다. 그러나 스티븐슨의 강력한 권유에 따라 이 철도는 증기기관차의 도입으로 방향을 선회했고, 1825년 세계 최초의 일반 운수 철도(common carrier)로 개통했다. 누구든 간에 운임만 내면 이 철도를 이용해 여행하거나 화물을 수송할 수 있는 최초의 철도였다는 뜻이다. 하지만 철도 수송량의 90퍼센트 이상을 석탄이 차지해 여객 운송은 미미한 수준이었고, 전 구간을 기관차가 끄는 것이 아니라 경사가 심한 일부 구간에서는 고정식 증기기관을 설치해 화차를 밧줄로 끌게 하는 등 아직 과도기적인 모습을 보이기도 했다. 그럼에도 스톡턴-달링턴 철도는 상업적으로 크게 성공을 거뒀고, 그 뒤를 잇는 새로운 철도의 부설을 자극했다.

뒤이어 스티븐슨은 1826년에 부설 허가를 얻은 리버풀-맨체스터 철도(Liverpool and Manchester Railway)에서 수석 엔지니어를 맡았다.

1829년 레인힐 공개 경연 대회에서 우승을 차지한 스티븐슨 부자의 증기기관차 '로켓'.

그런데 앞서 스티븐슨이 거둔 성공에도 불구하고 리버풀-맨체스터 철도의 경영진은 증기기관차를 불신했고, 두 도시를 잇는 50킬로미터 남짓한 구간 전체에 고정식 증기기관을 일정한 간격으로 설치하고 밧줄을 걸어 화차를 끌게 하는 방식을 고집했다. 논쟁은 여러 해를 끌었고, 결국 의견차를 좁히기 위해 어떤 동력 구동 방식이 가장 적합한지를 판가름하기 위한 경연 대회를 열게 됐다. 1829년 가을에 열린 레인힐 경연 대회(Rainhill Trials)는 아마 철도 역사를 통틀어 가장 유명세를 탄 공개 행사 중 하나일 것이다. "가장 기술적으로 진보한 증기기관차"를 뽑기 위해 열린 이 행사에서 로버트 스티븐슨은 아버지와 함께 만든 로켓(Rocket)이라는 기관차를 가지고 나와 경쟁자들을 물리치고 우승을 차지했다. 이듬해 개통한 리버풀-맨체스터 철도는 전 구간을 증기기관차가 끄는 최초의 일반 운

세상을 바꾼 기술, 기술을 만든 사회

수 철도로서 산업혁명 시기에 가장 중요했던 두 도시를—영국 최고의 공업도시와 최대 무역항을—연결해 엄청난 상업적 성공을 거뒀고, 이로써 본격적인 철도 시대의 막을 열었다.

영국의 철도산업은 1830년대와 1840년대에 한 차례씩 거의 투기 수준에 가까운 대대적 철도 건설 붐을 경험하며 불과 20여 년 만에 철도 총연장의 비약적 성장을 이뤄냈다. 리버풀-맨체스터 철도가 개통한 1830년에 영국의 증기 철도는 총연장이 50킬로미터 남짓에 불과했지만, 1844년에는 3,200킬로미터로 껑충 뛰었고 1840년대 중반의 이른바 '철도 광풍(railway mania)'을 거친 후인 1852년에는 다시 1만 2,000킬로미터로 늘어났다. 영국 철도의 최전성기는 제1차 세계대전 직전 시기였는데, 이때는 철도의 전체 길이가 3만 7,500킬로미터에 달했다. 채 100년이 안 되는 기간 동안 작은 섬나라 영국에 지구를 한 바퀴 도는 것에 가까운 길이의 철도가 부설되었다.

무서운 속도로 성장한 영국의 철도산업은 19세기 중반 이후 영국 사회 전반에 막대한 영향을 미쳤다. 우선 경제적 측면에서 철도산업은 그 자체로 거대 산업을 이뤘을 뿐 아니라 수많은 관련 산업 분야를 자극했다. 높은 압력을 견딜 수 있는 증기기관을 대량생산하는 과정에서 기계공작소(machine shop)가 발전했고, 선로 부설에 드는 엄청난 철 수요를 감당하기 위해 철강산업도 가파르게 성장했다. 선로 1킬로미터를 부설하는 데는 평균적으로 철 180톤가량이 필요했는데, 철도 광풍이 불어닥친 1840년대 중후반에는 영국에서 생산되는 철의 39퍼센트가 철도 부설로 소모되었을 정도이다.

철도는 유료도로(turnpike)를 달리는 역마차나 운하 위를 말에 끌려 움직이는 바지선에 비해 훨씬 빠를 뿐 아니라 비용도 저렴했고, 19세기 중반 이후 사람과 물자를 나르는 대표적인 운송수단으로 자리를 잡았다. 이에 따라 석탄이나 면직물처럼 무겁고 부피가 큰 화물의 수송에 드는 비용과 시간이 크게 줄었고, 사람들이 여행하는 데 걸리는 시간도 대폭 단축됐다. 가령 역마차(stagecoach)가 주된 육상 교통수단이던 1820년대에 런던에서 맨체스터까지 여행하는 데는 30시간 가까이 걸렸지만, 철도 부설이 맹렬하게 진행 중이던 1840년대 중반이 되면 소요시간이 6시간으로 크게 줄었다. 이러한 변화는 사람들의 일상생활에도 영향을 미쳤다. 가령 주말에 철도를 이용해 도시 근교나 바닷가로 피크닉을 떠나는 새로운 여가문화가 등장해 인기를 끌기도 했다.

미국, 철도로 국민 형성에 기여하다

영국을 시발점으로 한 철도 운송은 이내 다른 국가들로 확산됐다. 이 중에서 특히 미국의 사례를 주목해 볼 만하다. 신생 국가이며 거대한 국토를 가진 미국의 운송혁명은 다른 나라들에서는 찾아보기 힘든 특별한 의미가 있다. 바로 철도가 미국의 국민 형성(nation building) 과정에 중대한 방식으로 기여했다는 것이다. 이 말은 미국 사람들이 스스로 단일한 국가에 속한 '국민'이라는 생각을 갖게 하는 데 철도를 위시한 여러 새로운 운송 수단이 중요한 역할을 했다는 뜻인데, 이것이 갖는 의미를 이해하려면 미국의 역사를 조금 거슬러 올라갈 필요가 있다.

오늘날 미국은 50개 주로 이뤄진 연방제 국가이다. 제2차 세계대전 이후 미국이 압도적 경제력과 군사력을 지닌 초강대국으로 군림하는 것을 줄곧 봐온 요즘 사람들은 북아메리카 대륙의 절반을 정치적으로 통합한 미국의 현재 모습을 당연하게 여기는 경향이 있다. 1776년 영국으로부터 독립을 선언한 13개 식민지가 오늘날과 같은 모습으로 이어진 것이 마치 일종의 역사적 필연이나 되는 것처럼 생각한다는 말이다. 하지만 연방제 국가로 첫발을 뗀 직후인 19세기 초의 모습을 보면 전혀 그렇지 않았다는 것을 알 수 있다. 오늘날 하나로 묶여 있는 여러 주들이 계속해서 단일한 국가를 이룰 것이라고 결코 장담할 수 없는 상황이었다.

국토의 면적이 크고 지리적 환경이 다양한 탓에 개별 주들의 경제적 이해관계가 서로 엇갈렸고, 특히 유럽과의 교역에 크게 의존하는 동부의 대서양 연안 주들과 애팔래치아 산맥 너머 새롭게 생겨난 내륙 주들(오하이오, 켄터키, 테네시) 사이에는 엄청난 간극이 존재했다. 여기에 건국 초기의 열악한 교통 상황이 간극을 더욱 악화시켰다. 마차가 다닐 만한 제대로 된 도로는 찾기 어려웠고, 도시와 도시, 주와 주 사이를 여행하려면 심한 악조건 속에서 며칠, 심지어 몇 주에 걸친 시간을 감내해야 했다. 그러한 여행에 나서는 사람은 극히 드물었다.

이 때문에 19세기 초 미국에서는 다른 주들과 정치적, 경제적 접점을 찾을 수 없게 된 일부 주들이 연방에서 탈퇴해 별도의 국가를 세우려들지 모른다는 우려가 그치지 않았다. (이와 같은 우려는 수십 년 뒤 남

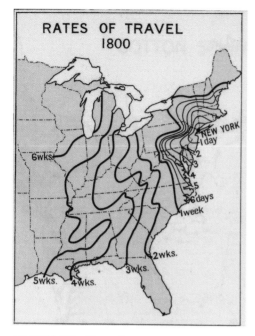

RATES OF TRAVEL
1800

1800년경 뉴욕을 기점으로 여행하는 데 걸리는 시간을 나타낸 지도. 동부 연안의 주들끼리는 비교적 이동이 용이하지만, 내륙으로 들어가면 소요 시간이 급격히 늘어나는 것을 볼 수 있다. 이러한 시공간적 거리는 국민 형성의 중대한 장애물이었다.

북전쟁이라는 미국 역사상 최대 유혈사태로 현실화되었다.) 간극을 메우고 미국이라는 연방제 국가를 하나로 묶어내기 위해서는 향상된 운송 체계가 반드시 필요했다. 서로 멀리 떨어진 고립된 정착지에 거주하는 사람들이 '미국'이라는 국가에 속해 있다는 느낌을 주기 위해서였다. 철도는 19세기 중반 이후 미국에서 국가 운송 체계를 완성하는 데 가장 큰 역할을 했고, 그런 점에서 미국의 '국민 형성'에 기여한 바가 크다.

그렇다면 미국의 철도 건설은 언제, 어떻게 시작되었을까? 미국 최초의 철도를 무엇으로 볼 것인지에 대해서는 아직도 역사가들 사이에서 설왕설래가 있지만, 증기 철도의 성공적 운행이라는 점에서 보면 1830년 12월에 미국 남부의 찰스턴 앤 햄버그 철도에서 '베스트 프렌드 오브 찰스턴'이라는 기관차가 10킬로미터 길이의 선로 위로 열차를 끌고 달린 것을 시초로 꼽아야 할 것이다. 찰스턴 앤 햄버그 철도는 1833년에 총 218킬로미터 길이로 완공되어 당시 세계에서 가장 긴 단일 철도의 자리를 차지하게 된다.

비록 시작은 조금 늦었지만, 미국의 철도는 이내 광대한 국토 면적

세상을 바꾼 기술, 기술을 만든 사회

과 열광적인 철도 건설 붐에 힘입어 유럽의 철도를 압도한다. 1840년까지 미국에는 도합 4,800킬로미터의 철도가 부설되었는데, 같은 시기 유럽에서는 모든 국가들을 합쳐도 2,880킬로미터가 부설되는 데 그쳤다. 미국의 철도 붐은 이후에도 수그러들지 않았고, 철도 총 연장이 1850년에 1만 4,400킬로미터, 1860년에 4만 8,000킬로미터로 매 10년마다 3배씩 증가하는 그야말로 폭발적인 성장세를 이어갔다.

철도 건설이 대대적인 붐을 이루면서 거기에 들어가는 자금도 천문학적 수준으로 치솟았다. 첫 20년 동안 14,400킬로미터의 철도를 부설하는 데 대략 3억 1,000만 달러가 소요된 것으로 추정되는데, 이러한 액수에서 알 수 있듯 철도의 건설과 운영에는 엄청난 자본이 필요했다. 이에 따라 1850년대 말이 되면 미국에서는 이미 자본금이 1,000만 달러가 넘는 철도회사들이 등장하기 시작한다. 당시 면공업 분야에서 대형 직물공장의 자본금이 50만 달러를 넘지 않았고, 19세기 초 미국의 대표적 토목 프로젝트였던 이리 운하(Erie Canal)의 건설 비용이 750만 달러였음을 염두에 두면, 초기 철도회사의 규모가 어느 정도였는지를 미뤄 짐작할 수 있다.

철도회사의 자본금은 주로 주식이나 채권을 발행해 조달되었고, 이러한 주식과 채권을 거래하는 공간으로 뉴욕증권거래소가 1840년대부터 부상했다. 미국의 기업사가 앨프리드 챈들러는 철도회사를 최초의 대기업(big business)으로 칭하면서 뉴욕의 월스트리트는 철도 시대의 직접적 산물이라고 말한 바 있는데, 이를 보면 철도의 확산이 금융과 투자업에도 큰 영향을 미쳤음을 알 수 있다.

1831년 뉴욕 주 올바니와 스키넥터디 사이에 부설된 철도의 첫 운행을 재현한 유화 작품. 미국의 초기 철도의 분위기를 엿볼 수 있다. 기관차 뒤에 매달린 객차가 마차와 흡사하게 생긴 것이 흥미롭다. 오늘날처럼 길쭉하고 가운데 통로가 있는 상자형 객차가 표준화된 것은 1840년대 이후의 일이다.

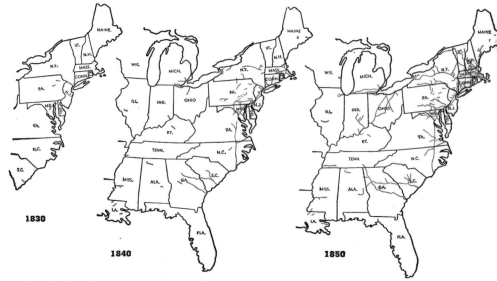

초기 20년 동안 부설된 미국 철도 지도. 북동부의 대서양 연안 주들을 제외하면 여전히 짧게 조각난 개별 철도들의 집합에 가까웠다.

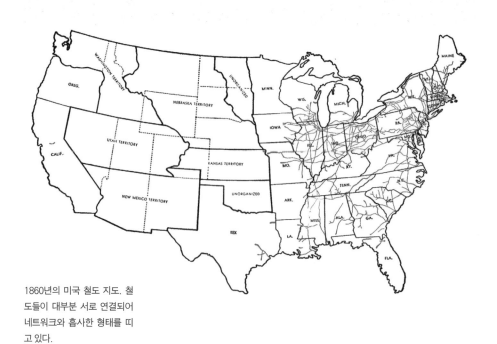

1860년의 미국 철도 지도. 철도들이 대부분 서로 연결되어 네트워크와 흡사한 형태를 띠고 있다.

처음 몇 년 동안 미국의 철도는 주로 동부의 대도시와 인근 지역을 연결하는 짧은 노선들이 주를 이뤘고, 철도가 부설되는 지역도 대서양 연안 주들에 집중됐다. 하지만 1850년대 이후 철도 부설의 중심이 중서부로 넘어가면서 이제 철도는 동부의 상공업 중심지와 중서부의 개척 지역을 동서로 잇는 역할을 담당하기 시작했고, 이전까지 짧고 고립된 개별 철도들을 모아놓은 양상에서 탈피해 철도망에 가까운 외양을 갖추게 되었다. 이에 따라 사람과 물자의 운송에 들어가는 시간과 비용도 빠른 속도로 떨어졌다. 가령 중서부에 위치한 신시내티에서 뉴욕 시까지 상품을 운송하는 데 1817년에는 짐마차와 바지선을 통해 50일이 소요됐지만, 1850년에는 여러 개의 철도를 거치며 6~8일로 단축되었다. 철도의 부설은 지방 도시들의 성쇠에도 영향을 미쳤는데, 일례로 1840년에 인구 4,000명의 시골 마을에 불과했던 시카고는 중서부의 철도 건설 붐에 힘입어 1860년에는 인구가 10만 명이 넘고 11개의 철도 노선이 지나는 미국 최대의 철도 교역 중심지로 탈바꿈했다.

미국 철도, 통합된 네트워크로 변모하다

남북전쟁 이후 50여 년 동안 미국의 철도는 긴밀한 시스템으로 통합되면서 미국인들의 삶과 더욱 밀착되어가는 과정을 거친다. 이 시기 동안 미국 철도가 어떻게 변모했는지를 이해하려면 먼저 앞선 시기의 철도가 어떤 문제점을 안고 있었는지부터 살펴볼 필요가 있다. 미국의 초기 철도는 비약적인 양적 성장을 이뤘지만, 1860년경의 미국 철도는 아직 '철도 시스템'이라고 부르기에는 여러모로 미흡한 실정이었다. 먼저 철도를 운영하는 주체들이 대단히 파편화돼 있었다. 1870년까지 미국에는 수백 개의 철도 회사들이 난립해 있었고, 이들 각각은 자체적으로 철로를 부설한 후 그 위에서 자기 회사 소유의 객차와 화차를 운행했다. 이 회사들은 다른 회사의 열차가 자기 회사 소유의 철도 위를 운행하는 것을 꺼려했다. 또한 넓은 지역을 아우르는 전반적 계획이 없는 상태에서 각자 수지맞는다고 생각하는 노선에 철로를 부설해 사업에 나섰기 때문에 철도망의 성장이 체계적이지도 못했고 중복되는 노선들도 많았다.

이러한 운영 주체의 문제는 철도 네트워크의 물리적 연결에도 장애가 되었다. 여러 개의 철도 노선이 한데 모이는 교통 요충지의 경우, 이를 운영하는 철도 회사들은 각각 별도의 철도 종점(depot)을 두어 승객과 화물을 싣고 내리는 것이 보통이었다. 요즘 우리의 상식에 비춰 보면 어떤 도시로 들어가는 여러 개의 철도 노선은 그 도시를 대표하는 역(가령 서울역, 부산역 하는 식)으로 모이는 것이 당연하겠지만, 당시에는 아직 그런 중앙역(central station) 개념이 확립돼 있지 않았다. (미국에서 각 도시를 대표하는 화려하고 웅장한 중앙역 건물을 짓기 시작한 것은 1890년대 이후의 일이다.) 그래서 지도상에서 어떤 도시를 중심으로 연결되어 있는 것처럼 보이는 철도 노선들을 자세히 들여다보면 실상은 서로 단절돼 있는 경우가 많았다. 가령 1860년에 필라델피아나 리치먼드로 들어가는 모든 철도 노선은 다른 철도 노선들과 물리

Grand Central Terminal Station, New York City.

적으로 연결돼 있지 않았고, 이 도시를 경유하는 승객이나 화물은 기차에서 내려 다른 회사의 열차로 환승해야만 했다.

1913년에 완공되어 뉴욕 철도 운송의 요충지이자 도시의 명소가 된 그랜드 센트럴 역사 건물. 이처럼 도시를 대표하는 화려하고 웅장한 중앙역 건물을 짓기 시작한 것은 1890년대 이후의 일이다.

　　1860년경의 미국 철도를 통합된 네트워크라고 선뜻 부르기 힘든 이유는 또 있다. 당시 미국의 철도는 다양한 궤간(gauge)을 사용하고 있었기 때문에 궤간이 바뀌는 지점에서 같은 열차로 이어서 운행하기가 어려웠다. 당시 북부에서는 철로 폭이 4피트 8.5인치(1.435미터)인 이른바 '표준궤(standard gauge)'가 우위를 점하고 있었지만, 그 외에도 철로 폭이 4피트 10인치, 5피트 4인치, 5피트 6인치, 6피트 등인 10여 가지 궤간이 여전히 쓰이고 있었고, 남부에서는 5피트 궤간이 주로 쓰이고 있었다. 1860년의 미국 철도망을 궤간별로 나눠 보여주는 지도를 보면 일견 잘 연결된 네트워크처럼 보이는 당시의 철도가 실은 이런저런 궤간의 철도들이 무질서하게

철로 궤간(1860)

— 4피트 8½인치
— 4피트 10인치
— 5피트
— 5피트 4인치
— 5피트 6인치
— 6피트

1860년경의 미국 철도망. 중
서부를 중심으로 표준궤가 우
위를 보이지만, 그 밖의 다른
궤간들도 널리 쓰이고 있었음
을 알 수 있다.

잇대어진 조각보 같은 형태였음을 알 수 있다.

철도의 물리적 단절과 다양한 궤간으로 인해 장거리를 이동하는 승객이나 화물은 도중에 상당한 불편을 감수해야 했다. 가령 1861년에 남부 도시 찰스턴에서 필라델피아까지 기차로 여행하는 승객은 도중에 여덟 번 기차를 갈아타야 했는데, 철도 회사마다 제각각인 궤간이 주된 원인이었다. 하지만 이러한 비호환성(incompatibility)의 결과를 오히려 반긴 사람들도 있었다. 시내에서 짐을 옮겨 싣거나 승객들이 이동해야 하는 일이 잦았고, 환승 시간이 맞지 않는 경우에는 숙박을 해야 했기 때문에, 지역의 짐마차꾼, 짐꾼, 여관 주인들은 오히려 번창했고 큰 이득을 보았다. 이들은 나중에 철도의 통합에 우호적이지 않은 이해집단을 형성하기도 했다.

이러한 여러 문제점들은 남북전쟁 후 수십 년에 걸쳐 서서히 해소되었다. 철도의 통합을 가져온 가장 중요한 요인은 조직적 변화였다. 먼저 1860년대 초부터 '화물 급송 회사(fast-freight company)'들이 등장해 여러 철도 회사와 계약을 맺고 복수의 철도를 주파하며 빠른 화물 수송 서비스를 제공하기 시작했다. 이어 1870년대부터는 당시 비판적 논평가들이 흔히 '강도 귀족(Robber Baron)'이라고 칭했던 대기업가와 은행가들이 철도 사업에 뛰어들어 경쟁 노선들을 사들이면서 철도 통합을 주도했다. 코넬리어스 밴더빌트(와 아들 윌리엄 헨리 밴더빌트), 제이 굴드, 제임스 힐, 에드워드 해리먼, J. P. 모건 같은 사업가들은 앞서의 별칭이 말해주듯, 종종 불법적이거나 적어도 오늘날의 기준에서는 용인되지 않을 무자비한 수단들(주가 조작, 리베이트, 요금 차

미국의 철도망을 자기들 마음
대로 재단하는 '강도 귀족'의 행
태를 풍자한 1882년 잡지《퍽
(Puck)》독일어판의 만평.

별 등)을 동원해 철도 매입과 상호 경쟁에 나섰고, 그

결과 1906년이 되면 철도 총연장의 거의 3분의 2에

해당하는 미국의 간선 철도 대부분이 단 7개 철도연

합의 수중에 들어가게 된다.

이처럼 철도가 조직적으로 통합되면서 여러 짧은 노선들을 각기 다
른 철도 회사가 운영했을 때는 부각되지 않던 기존 철도의 문제점이
두드러져 보이기 시작했다. 그중에서도 지역별로 천차만별인 궤간이
가장 큰 문제였다. 이미 여러 가지 궤간에 따라 각각 수천 킬로미터의
철도가 부설되어 있었기 때문에 이를 통합하는 손쉬운 방안을 도출
하기란 쉽지 않았다. 이에 따라 1860년대와 1870년대에는 궤간 문제
를 해결하기 위한 다양한 기술적 해법들이 실험되었다. 가령 1860년
에 처음 등장한 '절충 열차(compromise car)'는 폭이 넓은 광폭 바퀴나

바퀴축을 따라 움직이며 간격을 조정할 수 있는 미끄럼 바퀴를 가지고 있어 여러 궤간에서 쓸 수 있었다. 1870년대 초에는 열차 기중기(car hoist)가 도입되었

20세기 초 7개의 주요 철도연합이 장악한 미국의 간선 철도 세력권을 보여주는 지도.

는데, 증기력을 이용한 기중기로 화차나 객차를 들어 올려 다른 궤간을 가진 대차(臺車) 위에 올려놓는 방법이었다. 또 기존의 두 레일 사이에 세 번째 레일을 놓아 서로 다른 궤간을 가진 열차가 다닐 수 있게 하기도 했다. 그러나 이 모든 해법들은 그렇지 않아도 복잡하고 어지러운 철도 운행을 더 골치 아프게 만드는 임시방편 수준을 넘지 못했다. 진정한 철도 통합을 달성하기 위해서는 결국 비용이 많이 들더라도 단일 궤간을 도입해야만 했다.

이에 따라 북부의 철도에서는 1870년대를 거치며 회사의 소유 및 경영권 변화와 함께 표준궤로 전환하는 움직임이 시작됐다. 한쪽 레일을 1.5인치만 옮기면 되었던 4피트 10인치 궤간이 가장 먼저 표준궤로 전환했고, 이어 6피트와 5피트 6인치 궤간이 그 뒤를 따랐다. 가장

OUR STANDARD (GAUGE) ADOPTED ALL OVER THE UNION.

THE STANDARD GAUGE.

철도 궤간이 표준궤로 통일된
것을 축하하는 《하퍼스 위클리》
1886년 6월 5일자의 삽화. 현
수막 좌우에 각각 '남부'와 '북
부'라고 쓰여 있고, 위쪽에 '상
업적 통합의 마지막 쇠못'이라
는 문구가 보인다.

늦게까지 남아 있었던 것은 남북전쟁에서 패한 후 경제적으로 고립된 남부의 5피트 궤간이었다. 남부의 여러 주들에서는 1880년대 초까지도 철도의 80퍼센트 이상이 5피트 궤간으로 남아 있었는데, 전후의 재건 과정을 통해 경제가 활성화되면서 남부 철도의 표준궤 전환도 점차 활발해졌다. 이를 마무리 지은 최후의 궤간 전환은 1886년 5월 31일과 6월 1일 이틀간 이뤄졌다. 이틀 동안 수천 명의 노동자들이 남부의 30개 철도 노선에 속한 1만 8,000킬로미터가 넘는 철로에서 궤간을 표준궤로 변경하는 작업을 진행했고, 이로써 미국의 철도는 단일 궤간을 성취해낼 수 있었다. 이는 미국 철도의 물리적 통합뿐 아니라 북부와 남부의 경제적 통합이 이뤄졌음을 의미했다.

철도, 미국인들의 삶을 지배하다

1880년대에는 미국인들의 일상생활에 크게 영향을 미친 철도 운행상의 또 다른 중대 변화가 일어났다. 표준시(standard time)의 도입이 그것이다. 이전까지 미국의 여러 지역사회들은 각기 자신의 도시나 마을에 태양이 남중(南中)하는 시간을 기준으로 해서 자체적으로 지역시를 정해 사용하고 있었다. 19세기 중엽 미국에는 최소 144가지의 지역시가 사용되고 있었는데, 가령 시카고에서 정오일 때 오마하는 11시 27분, 세인트루이스는 11시 50분, 피츠버그는 12시 31분, 워싱턴 DC는 12시 50분을 가리켰다. 이 때문에 장거리를 운행하는 철도 회사는 여러 개의 지역시를 기준으로 해서 철도 시간표를 짜야 했고, 철도 승객들은 종종 시간 때문에 불편과 혼란을 겪어야 했다. 다음의 인용문은 이러한 상황이 빚어낸 당시의 혼란상을 잘 보여준다.

1870년대 필라델피아에 사는 사업가가 사업 약속 때문에 버펄로에 가기 위해 피츠버그에서 열차를 갈아타야 한다고 치자. 이 사업가는 필라델피아 지역 시간으로 출발 시각을 알아야 한다. 피츠버그는 필라델피아보다 경도상 5도가량 더 서쪽에 위치하고, 피츠버그 시 고유의 태양 정오를 기준으로 한 해시계적 엄밀성을 준수했다. 이 시간은 필라델피아보다 20분 일렀다. 그러나 당신이 버펄로에 가기 위해 피츠버그에서 갈아탈 기차는, 피츠버그보다 3도 서쪽에 있는 도시인 오하이오 주 컬럼버스에서 출발했다. 컬럼버스의 시간은 피츠버그 지역 시간보다 12분 이르거나 아직 시간을 고치지 않은 당신의 시계에 나타나는 시간보다 32분 이르다. 필라델피아 시간으로 5시에 피츠버그에 도착한 열차의 승객은 피츠버그 시간으로는 4시 40분밖에 되지 않았음을 알게 된다. (이것은 역을 떠나 도시에서 머무르는 것이 아니라면 상관없다.) 그러나 컬럼버스에서 출발한 열차는 그보다 12분 전인 컬럼버스 시간으로 4시 28분에 도착할 것이었다. 그리고 마침내 버펄로에 도착하면(열차를 놓치지 않았다고 가정하고) 당신에게는 버펄로의 세 가지 공식 시간이 주어진다. 버펄로에서 운행 중인 세 철도 회사의 시간들이다.[*]

표준 시간대(1883)
서부 표준시 | 중부 표준시
산악 표준시 | 동부 표준시

1883년 11월에 도입된 미국의 철도 시간. 이로써 100여 개가 넘던 지역시들이 4개의 시간권으로 단순화되었다.

　　이러한 난국은 표준시를 도입하면서 타개되었다. 1883년 초 미국 철도 회사의 임원들은 몇몇 천문학자들이 주장해온 바를 받아들여 미국 전체를 대략 경도 15도를 기준으로 해서 4개의 시간권으로 나누는 데 동의했다. 이에 따라 1883년 11월 18일 정오에 미국의 모든 철도 종사자들은 자신이 속한 시간권에 따라 시계를 다시 맞추었다. 일부 지역에서는 정오를 두 번 맞았고, 다른 일부 지역에서는 시간을 미래로 건너뛰었다. 표준시 도입 후 불과 며칠 만에 미국의 학교, 법원, 지방정부의 70퍼센트가 이를 채택함으로써 철도 표준시의 도입은 철도 종사자만이 아닌 일반 미국인들에게도 광범하게 영향을 미치는 조치가 되었다. 미국 의회는 35년 후인

* 　클라크 블레즈, 『모던 타임』(민음사, 2010), 112~114쪽.

1918년에 표준시를 공식 비준했지만, 이는 대다수 미국인들이 이미 당연하게 여겨온 사실에 대한 뒤늦은 사후 승인에 지나지 않았다.

이처럼 20세기 초까지 미국의 철도는 미국인들의 삶에서 없어서는 안 될 중요한 존재가 되었다. 미국의 철도 총연장은 1860년에 4만 8,000킬로미터였던 것이 1880년에 15만 킬로미터, 1900년에 31만 킬로미터, 미국 철도의 최전성기였던 1916년에는 (지구에서 달까지의 거리보다 긴) 40만 6,000킬로미터까지 비약적으로 성장했고, 이제 사람들이 사용하는 물자 대부분은 철도를 통해 수송됐다. 하지만 이 시점을 넘어서면서 미국의 철도는 쇠락의 길을 걷기 시작한다. 포드 사의 대량생산 방식 도입과 함께 널리 보급되기 시작한 자동차, 그리고 라이트 형제의 첫 비행 이후 기술적으로 크게 발전한 비행기가 철도의 경쟁자로 부상했다. 미국의 철도는 제2차 세계대전기를 끝으로 중심적인 운송 수단으로서의 지위를 자동차와 비행기에 내주고 뒤로 물러나게 된다.

미국 대륙횡단철도의 부설과
동서 통합의 완성

1850년대에 서쪽으로 뻗어나가기 시작한 미국의 철도는 1860년대 들어 궁극적인 과제에 도전했다. 북아메리카 대륙을 가로지르는 대륙횡단철도의 부설이 바로 그 과제였다. 대륙횡단철도는 1848년 미국이 멕시코와의 전쟁에서 승리해 캘리포니아를 병합하고, 그해에 캘리포니아에서 금광이 발견돼 일확천금을 노리는 사람들이 몰려들면서 그 필요성이 부각되었다. 1850년 캘리포니아가 연방에 가입해 미국의 31번째 주가 되자 미국은 이제 거대한 대륙 양편에 서로 연결되지 않은 영토를 보유하게 됐다. 그 사이에는 19세기에 흔히 '아메리카 대사막(Great American Desert)'이라고 불렸던 거칠고 황량한 대평원 지대가 가로놓여 있었다. 이곳은 기후가 험악하고, 물이 부족하며, 호전적인 원주민들이 출몰하는 곳으로 악명을 떨쳤다.

21세기를 살아가는 사람들이 최초의 대륙횡단철도가 지녔던 의미를 이해하기란 쉽지 않다. 이를 위해 철도 부설 이전에 대륙 양편 사이의 여행이 어떻게 이뤄졌는지를 살펴보면 유용하다. 1850년대 초에 이른바 '골드러시'에 편승해 뉴욕에서 대륙 건너편의 샌프란시스코로 가기로 마음먹은 여행자에게는 크게 두 가지 선택지가 있었다. 먼저 배를 타고 중앙아메리카의 파나마로 가서 말라리아와 황열병이 창궐하는 육로로 지협을 가로지른 후 다시 배를 타고 서부 해안으로 올라오는 방법이 있었다. 이 방법은 35일에 걸쳐 거의 1만 킬로미터를 주파하는 대장정이었지만, 그래도 다섯 달에 걸쳐 남아메리카의 케이프 혼을 돌아오는 2만 7,000킬로미터의 바닷길보다는 훨씬 짧았다.

이것이 마음에 들지 않는다면 서부의 변경 마을인 세인트루이스로 가서 역마차를 타고 대평원을 가로지르는 4,500킬로미터의 여정에 나서는 방법도 있었다. 육로로 대륙을 가로지르는 데는 한 달 정도가 걸렸지만, 도중에 낯선 자연환경, 궂은 날씨, 원주민들과 노상강도의 습격 등으로 그 기간은 훨씬 길고 위험해질 수 있었다. 1846년 육로로 대륙횡단에 나섰다가 시에라네바다 산맥의 눈보라 속에서 조난당한 후 살아남기 위해 식인 행각을 벌였던 '도너 일행(Donner Party)'의 비극은 육로 대륙횡단의 위험성을 당대 사람들에게 생생히 각인시킨 사건이다.

이러한 어려움을 극복하기 위해 대륙을 가로질러 태평양 연안에 닿는 철도를 부설하자는 주장은 1840년대부터 제기되었고, 이에 호응해 미국 의회가 약간의 예산을 투입해 가능한 노선의 조사를 지시하기도

세상을 바꾼 기술, 기술을 만든 사회

했다. 하지만 1850년대 후반부터 노예제 폐지를 둘러싸고 북부 주들과 남부 주들의 갈등이 심화되고 경제 불황이 닥치면서 '태평양 철도'의 꿈은 일시적으로 소강상태를 맞았다. 그러다 남북전쟁이 한창이던 1862년에 논의가 다시 시작되었다. 의회에 남부 주 대표들이 빠지고 북부 주 대표만 남은 상황이라 대륙횡단철도의 노선을 결정하기가 한결 용이했기 때문이다. 이 해 7월 의회는 태평양철도법(Pacific Railway Act)을 통과시켜 최초의 대륙횡단철도 건설 계획을 승인했다.

철도 건설이 본격적으로 시작된 것은 남북전쟁이 끝난 후인 1866년부터다. 건설은 두 개 회사가 나누어 담당했는데, 먼저 중서부의 변경 지대를 흐르는 미주리강에서 서쪽으로 철도를 건설하는 역할은 유니언 퍼시픽 철도회사(Union Pacific Railroad)가 맡았다. 건설 책임을 맡은 북군 장군 출신의 그렌빌 다지는 건설 노동자들을 마치 군대처럼 운용했고, 남북전쟁의 퇴역 군인, 동부에서 온 교도소 출소자, 아일랜드 이민 노동자들이 뒤섞인 최대 1만여 명의 건설 인부들을 감독했다. 유니언 퍼시픽은 네브래스카와 와이오밍의 거친 황야 속에서 철도 부설을 못마땅해하는 원주민들의 습격에 맞서면서 건설 작업을 계속해나갔다.

한편 반대편인 캘리포니아에서는 센트럴 퍼시픽 철도회사(Central Pacific Railroad)가 설립되어 새크라멘토에서 동쪽으로 철도 건설을 시작했다. 센트럴 퍼시픽 역시 노동력 부족으로 어려움을 겪었는데, 건설 책임을 맡은 찰스 크로커가 시험 삼아 투입해본 중국인 노동자들이 뜻밖에 일을 대단히 잘해낸다는 사실을 알게 되면서 중국인 노동

1867년 8월 샤이엔족 원주민들이 유니언 퍼시픽 건설 현장을 공격하는 모습을 재현한 그림. 잡지《하퍼스 위클리》1867년 9월 7일자에 실렸다. 철도가 대평원 원주민들의 거주 지역과 사냥터를 침범하면서 이러한 전투가 수시로 벌어졌다.

1868년 유니언 퍼시픽이 와이오밍의 그린 강을 건너는 교량을 건설하는 광경을 담은 사진. 황량하기 이를 데 없는 배경 속에 장엄한 캐슬록(Castle Rock)의 모습이 보인다.

자들이 대거 건설 현장에 투입되었다. 크로커는 심지
어 중국 광둥 지방까지 가서 노동자들을 수백 명씩 구
해 왔고, 1867년이 되면 6,000명에 달하는 중국인 노
동자들이 철도 건설 현장에서 땀 흘려 일하게 되었다. 센트럴 퍼시픽
은 해발 2,000미터가 넘는 시에라네바다 산맥 구간을 어렵사리 넘어
선 후 네바다를 가로질러 철도 부설에 속도를 높였다.

대륙 양쪽에서 출발한 두 회사는 1869년 5월 10일 모르몬교도의
성지인 솔트레이크시티 바로 위를 지나는 프로몬터리 서밋(Promon-
tory Summit)에서 만났다. 특별 열차를 타고 온 귀빈들이 축하 행사에
참여했고, 철도의 완성을 기념하기 위해 금으로 된 대못이 철로에 박
혔다. 이 순간은 전신으로 미국 전역에 타전되었고, 미국인들은 각지
에서 열광적인 축제 분위기에 빠져들었다. 이제 뉴욕에서 샌프란시스
코까지 여행하는 데 걸리는 시간은 일주일 남짓으로 크게 줄었고, 이

1869년 5월 10일 프로몬터리 서밋에서 만난 유니언 퍼시픽과 센트럴 퍼시픽의 책임자와 인부들이 함께 찍은 기념사진.

1869년 완성된 대륙횡단철도의 지도. 가운데 붉게 표시된 것이 최초의 대륙횡단철도이며, 중앙에 위치한 오그던(Ogden)을 중심으로 왼쪽은 센트럴 퍼시픽, 오른쪽은 유니언 퍼시픽이 건설했다.

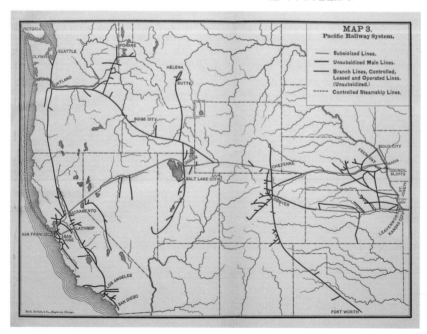

민자들은 과거에 비해 훨씬 저렴한 비용으로 변경 지대로 이동할 수 있게 되었다. 4년 전에 끝난 남북전쟁이 미국의 남부와 북부를 정치적으로 통일했다면, 대륙횡단철도의 완성은 동부와 서부가 물리적으로 연결되었음을 의미했다.

전신과 전화,
네트워크사회의
문을 열다

사람들은 흔히 자신들이 사는 시대가 특별하다고 생각하는 경향이 있다. 가령 케플러, 갈릴레오, 보일, 뉴턴 같은 17세기 자연철학자들은 자신들이 이전과는 다른 '새로운' 과학의 시대를 열어가고 있다고 생각했고, 디드로나 달랑베르 같은 18세기 계몽사상가들은 자신들이 무지와 독단에서 벗어나 전례를 찾아볼 수 없는 보편적 계몽의 시대를 살아가고 있다고 생각했다. 이러한 경향은 지금도 예외가 아니다. 21세기 초를 살아가는 요즘 사람들은 오늘날의 세계가 역사상 유례가 없을 정도로 연결되고 긴밀해진 사회, 지구 전체가 단일한 생활권으로 엮인 정보화사회 혹은 네트워크사회를 이루고 있다고 생각하는 경향이 있다. 전 세계가 인터넷과 이동전화망으로 거미줄처럼 뒤덮인 오늘날에는 손가락만 까딱하면 지구 어디에서든 필요한 정보를 순식간에 얻을 수 있게 되었다는 것이다.

하지만 이전의 시대를 무지, 정체, 억압의 시대로, 자신들이 사는 시대를 계몽, 변화, 혁명의 시대로 본 이러한 시각들은 역사적 현실을 제대로 그려냈다기보다, 사람들이 흔히 갖곤 하는 자기중심적, 현재중심적 사고방식과 이데올로기를 반영했다고 보아야 할 것이다. 이러한 지적은 네트워크사회에 관한 오늘날의 시각에 대해서도 마찬가지로 적용된다. 사회 전반이 실시간에 가깝게 연결된 통신망으로 뒤덮이기 시작한 모습은 사실 오래전에 시작되었다. 오늘날 우리가 낡아빠진 구닥다리 기술로 여기고, 심지어는 그런 기술이 한때 존재했다는 사실조차 망각해버린 전신(telegraph)과 전화(telephone)가 바로 150여 년 전에 그런 변화를 일으킨 주역이다. 그렇다면 전신과 전화는 어떻게 처음 등장했고, 이는 당대의 정치, 경제, 사회에 어떤 영향을 미쳤으며, 그것에 내포된 한계는 무엇이었을까?

시각통신에서 모스까지: 실용적 전신이 출현하다

흔히 역사가들은 인류 역사상 대부분의 기간 동안 메시지(message)의 속도는 메신저(messenger)의 속도를 능가하지 못했다고 말하길 좋아한다. 그러니까 어떤 소식이 전달되는 속도는 그 소식을 직접 전달하는 사람, 동물, 탈것의 속도보다 더 빠를 수 없었다는 것이다. 말을 탄 전령에게 편지를 배달시키는 경우에는 말의 속도, 전서구(傳書鳩)의 다리에 편지를 매달아 날리는 경우에는 비둘기의 속도가 메시지 전달 속도의 상한선이었다. 바다에서는 속도가 그보다 더 느려서 범선이 항해하는 속도가 곧 메시지의 전달 속도였다. 이 때문에 산업화 이전 사회에서는 소식이 전파되는 속도가 매우 느렸다. 한 나라 안에서도 다른 지방에서 어떤 일이 생겼는지를 며칠, 심지어 몇 주가 지나서야 알게 되는 경우가 많았고, 바다 건너 다른 나라에서 생긴 일은 몇 달, 혹은 몇 년이 지난 후에야 비로소 알 수 있었다.

이러한 속도의 제약을 벗어난 실용적 원거리 통신이 처음 등장한 것은 1790년대의 프랑스에서였다. 당시 시민혁명으로 국내 정세가 어지러운 데다 다른 유럽 국가들과 사실상 전쟁을 벌이고 있던 프랑스에서는 국내의 여러 지역들 사이에 소식을 전달해줄 빠른 통신망이 요구되었다. 프랑스의 발명가 클로드 샤프는 이런 현실에 착안해 미리 약속한 간단한 메시지가 아닌 임의의 단어나 문장을 보낼 수 있는 시각통신(visual telegraph) 방법을 고안했다. 이 방법은 봉화와 흡사하게 일정한 간격으로 송수신탑을 세워 그 사이에 메시지를 중계하는 방식

세상을 바꾼 기술, 기술을 만든 사회

샤프의 시각통신에 쓰인 송수
신탑의 모습. 이런 탑들이 통신
'선로'를 따라 수 킬로미터 간격
으로 줄지어 서 있다가 전달되
어 온 메시지를 다시 전송했다.
빙빙 돌아가는 세 개 나무판의
자세에 따라 나타내는 알파벳
문자가 달라졌기 때문에 단어
나 문장도 전송이 가능했다.

으로 작동했다. 각각의 탑에는 나무 기둥 위에 회전 가능한 긴 나무판을 매달았고 그 양 끝에 다시 빙빙 돌아가는 나무판을 붙여 다양한 나무판들의 자세를 조합함으로서 알파벳 중 하나를 나타냈다.

샤프는 1793년에 국민공회에 이런 방법을 이용한 통신망의 설치를 제안했고, 이듬해 파리와 프랑스 북부의 릴을 잇는 최초의 통신 '선로'가 완성되었다. 날씨만 좋다면 이 방법은 송수신탑 사이에 1분에 3개의 신호를 전달할 수 있었고, 225킬로미터 떨어진 파리와 릴 사이에 100개의 신호를 전송하는 데도 1시간이면 충분했다. (반면 파발을 이용하면 하루 이상이 걸렸다.) 샤프의 시각통신은 이후 나폴레옹 시기에 네트워크가 더욱 확장되었고 1840년에 이르면서 프랑스 전역에 5,000킬로미터에 달하는 통신 '선로'와 500개가 넘는 송수신탑을 갖추게 되었다. 프랑스에서 이

프랑스에 설치된 샤프의 시각
통신망과 송수신탑의 위치를
보여주는 지도.

러한 시각통신망은 주로 군사적 용도로 사용되
었고, 이후 이를 모방한 시각통신이 유럽의 여러
나라와 미국에 도입되어 쓰이기도 했다.

　그러나 샤프의 시각통신 방식은 여전히 여러 가지 문제점을 안고 있
었다. 안개가 끼는 등 날씨가 나쁠 때 전송 효율이 크게 떨어지는 점과
전송 속도가 느린 점이 가장 큰 문제였다. 이러한 문제들을 해결하는 방
법은 전기를 이용하는 것이었지만, 이는 19세기 초 과학 연구의 성과들
이 쌓인 이후에야 비로소 실용화될 수 있었다. 전기를 이용한 통신을 위
해서는 전선에 전류를 지속적으로 흘려줄 전원(전지)이 있어야 했고, 또

세상을 바꾼 기술, 기술을 만든 사회

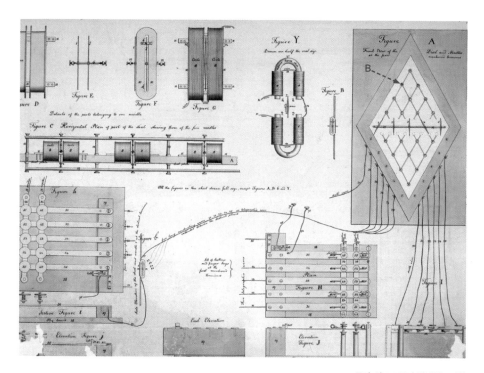

전기는 눈에 보이지 않기 때문에 신호가 들어왔는지를 알 수 있게 해주는 장치(수신기)가 있어야 했다. 이러한 과제들은 볼타 전지를 발명한 알레산드로 볼타, 전자기 유도 현상을 발견한 한스 외르스테드와 마이클 패러데이 등 유명한 과학자들의 업적이 나오면서 서서히 해결되었다. 이에 따라 1830년대에는 각국의 여러 발명가들이 전기를 이용한 통신 방법의 고안에 나섰다.

여기에서 가장 앞서 나간 이들은 영국의 발명가 윌리엄 쿡과 과학자 찰스 휘트스톤이었다. 두 사람은 1837년에 여섯 개의 전선을 이용한 5자침 전신(5-needle telegraph) 방법에 대한 특허를 출원했다. 전선에 전류가 흐를 때 그 위에 놓인 나침반의 바늘이 돌아가는 성질을 이용해 두 개의 바늘이 문자반 위의 특정 글자를 가리키게끔 만든 장치였다. 그들은 철도회사와의 제휴하에 전신선을 부설하고 이듬해 상업적 전신 서비스를 시작했고, 1845년 유명한 살인범 존 타웰을 검거하는 데 결정적 기여를 하면서 유명세(혹은 악명)를 떨쳤다. 당시에는 가장 빠른 이동수단이 기차였기 때문에 범죄자가 기차를 타고 도주하면 이를 추적하던 사람은 닭 쫓던 개처럼 지켜볼 수밖에 없었는데, 타웰의 경우에는 역무원이 전신으로 범인의 인상착의를 도착역에 미리 알려서 범인을 검거할 수 있었다. 타웰은 전기통신에 의해 체포되어 교수형에 처해진 최초의 범죄자가 되었다. 아울러 이 일화는 메시지의 속도가 메신저의 속도를 훨씬 앞서는 전신의 위력을 잘 보여준 사건이기도 했다.

하지만 쿡과 휘트스톤의 전신기는 하나의 메시지를 전송하는 데 여러 개의 선로를 필요로 해서 효율적이지 못했고, 속도도 그리 빠른 편이 못 되었다. 이 때문에 이후 전신의 발전에서는 미국의 화가이자 발명가인 새뮤얼 모스(1791~1872)가 고안한 새로운 전신 장치가 대세를 점하게 된다. 모스는 19세기 초 미국에서 상당히 이름난 화가로 뉴욕대학에서 교편을 잡고 있었는데, 1832년 유럽 여행을 마치고 미국으로 돌아오던 배 위에서 우연히 전신에 대한 아이디어를 떠올렸다. 그는 여러 과학자 및 숙련 기계공의 도움을 얻어 독자적인 전신 장치를 개발했고, 1840년에 이에 대한 특허를 얻었다.

모스의 장치에서 가장 독창적인 부분은 하나의 전선으로 문자를 전송하는 방법을 고안해낸 데 있다. 흐르거나("on") 안 흐르는("off") 두

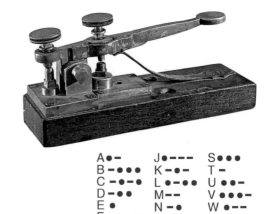

모스 부호를 보내는 전신 키와 모스 부호 체계. 전신 키는 전기 회로를 열고 닫는 역할을 하며, 길게 누르면 "대시", 짧게 누르면 "도트"를 보낼 수 있다.

모스가 워싱턴-볼티모어 구간에서 처음으로 보낸 메시지 "신이 하신 거룩한 일".

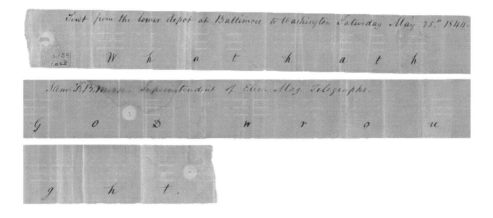

가지 신호만 가능한 전류를 가지고 수십 가지 종류의 문자들을 전송하려면 어떻게 해야 할까? 모스는 전신 키를 이용해 긴 신호("대시")와 짧은 신호("도트")를 조합해 알파벳을 전송하는 모스 부호를 창안했고, 이는 곧 쿡과 휘트스톤의 방법을 대신해 다른 나라에서도 널리 쓰이게 됐다. 모스는 미국 연방정부의 지원을 받아 워싱턴과 볼티모어 사이에 미국 최초의 전신선을 부설하고 1844년 전신 메시지 전송에 성공했다. 그가 보낸 첫 번째 메시지는 "신이 하신 거룩한 일(What Hath God Wrought)"이었다. 이로부터 당시 사람들이 전신이라는 새로운 통신 방법에 부여한 종교적 의미를 엿볼 수 있다.

전신, '상업 시스템의 신경망'을 이루다

새로운 기술들이 으레 그렇듯, 전신도 처음에는 용도와 사용 방법을 놓고 숱한 오해와 혼란이 있었다. 눈에 보이지 않는 전기로 메시지만 전달한다는 개념을 이해하지 못해 자신이 써 온 편지 그 자체를 보내달라고 요구하는 사람이 있는가 하면, 아예 메시지가 아닌 물품을 보내달라며 전신 사무소를 찾는 웃지 못할 풍경이 연출되기도 했다. 그러나 얼마 안 가서 전신의 유용성이 많은 사람들에게 분명해지기 시작했다. 이를 가장 먼저 깨달은 사람들은 언론인들이었다.

1846년에 미국과 멕시코 사이에 전쟁이 터지자 동부 연안 사람들은 기차, 말, 배를 합쳐 일주일 거리에 있던 전쟁터에서의 소식을 애타게 기다렸고, 이에 따라 메시지의 전달 시간을 획기적으로 단축시킬 전신 선로의 부설이 신속히 추진되었다. 선로는 전쟁이 끝나기 전에 완성되었고, 신문들은 전쟁 관련 소식을 실어 판매 부수를 늘릴 수 있었다. 뒤이어 복권 운영자, 증권 브로커, 은행가, 사업가 등이 전신의 유용성을 '발견'했다. 그들은 전신을 통해 남보다 조금이라도 앞서 새

정보를 얻으면 큰 수익을 올릴 수 있음을 깨달았다. 또한 철도회사 관리자들은 철도를 따라 전신선을 부설하면 단선(單線) 철도를 더 효율적으로 활용할 수 있고, 혹시나 있을지 모를 대형사고를 미연에 방지할 수 있다는 사실도 알게 되었다.

이에 따라 미국에서는 1840년대 후반부터 엄청난 전신 붐이 일어났다. 1844년에는 워싱턴-볼티모어 사이의 65킬로미터 구간이 미국에 설치된 전신선의 전부였지만, 불과 2년 후인 1846년에는 거의 30배인 1,900킬로미터로 늘었고, 1854년에는 다시 30배 가까이 늘어 미국 내 전신 선로의 총 연장이 5만 킬로미터에 육박했다. 불과 10년 만에 지구를 한 바퀴 돌고도 넉넉하게 남을 길이의 전신 선로가 미국 내에 부설된 셈이다. 너무나 폭발적으로 확산되어 그 성장을 집계한 정확한 수치를 얻기가 어려울 정도였다니 전신 선로가 얼마나 경쟁적으로 맹렬하게 놓였는지 짐작하고도 남음이 있다. 여기서 그치지 않고 이후에도 전신의 확장은 계속되었다. 전신 산업이 성숙기에 접어든 1880년에 조사된 바에 따르면 미국 전역에 12,000개의 전신 사무소가 있었고, 이곳들을 서로 연결하는 46만 킬로미터의 전신 선로를 통해 매년 3,200만 건의 전신 메시지가 오가는 엄청난 규모를 자랑했다. 당시 미국의 장거리 전신망을 거의 독점하던 회사인 웨스턴 유니언(Western Union)의 회장은 전신을 일컬어 모든 경제 활동을 이어주는 "상업 시스템의 신경망"이라고 부르기도 했다.

이러한 전신망의 확장 과정에서 가장 주목할 만한 순간은 1861년 미국 대륙을 횡단하는 일명 '캘리포니아선'의 완성이다. 이 전신선이 생겨나기 전까지 미국 동부와 서부 사이에 메시지를 전달하는 가장 빠른 방법은 말 탄 사람들에 의해 중계되는 포니 특급(pony express)이었고, 시간은 열흘이 걸렸다. 그러나 대륙횡단 전신선이 완성되면서 즉각적인 메시지 전달이 가능해지자 포니 특급은 자취를 감추었다. 어떤 사람들은 대륙횡단 전신선으로 가능해진 자유롭고 신속한 의사소통이 "미국의 모든 국민을 하나로 묶어주고 분열을 막아줄 것"이라는 기대를 드러내기도 했다. 물론 '캘리포니아선'이 완성된 바로 그 해에 터진 남북전쟁은 이런 인식이 지나치게 낙관적이었음을 보여주지만, 그럼에도 전신이 미국을 단일하고 통합된 국가로 만들어줄 것이라는 기대와 낙관은 1872년 존 개스트가 그린 〈미국의 진보(American Progress)〉라는 회화 작품에서 볼 수 있듯 이후에도 지속되었다.

1872년 존 개스트가 그린 〈미국의 진보〉. 말과 마차, 기차를 타고 서부로 향하는 개척민들이 버펄로 떼와 인디언들을 몰아내는 모습을 그렸다. 이들을 이끄는 여신은 당시 진보의 두 상징이던 교과서와 전신선을 양손에 들고 있다.

해저 케이블, 미국과 유럽을 연결하다

1850년대 초 미국에는 이미 수만 킬로미터의 전신선이 깔렸고 사람들이 정착한 도시나 웬만한 규모의 촌락에는 대부분 전신 사무소가 생겨나 있었다. 그러나 미국인들은 자기들끼리만 연결돼 있었을 뿐, 당시 상업과 공업의 중심지였던 유럽과는 단절돼 있었다. 유럽에서 오는 메시지가 미국에 도달하는 데는 여전히 2주가 걸렸고, 이는 유럽에서 출항한 증기선이 미국에 도착하기까지 걸리는 시간과 같았다.

이 때문에 뉴욕 같은 미국 상공업 중심지의 언론인과 사업가들은 유럽에서 오는 정보에 그야말로 목말라 있었다. 그들이 새로운 정보를 얼마나 갈망했는지는 1840년대에 흔히 쓰이던 방법에서 엿볼 수 있다. 그들은 유럽에서 출항한 배가 미국으로 들어오기 전에 거치는 브리티시 아메리카(오늘날의 캐나다)의 노바스코샤나 뉴펀들랜드 섬까지 나가서 배를 기다렸다. 그러다가 저 멀리 배가 보이면 작고 빠른 배를 세내어 유럽에서 오는 배를 마중나간 후 승선해 정보를 먼저 전해 듣고는 다시 타고 온 배로 얼른 돌아와 전신으로 이 정보를 뉴욕 같은 대도시로 전송했다. 이렇게 얻는 시간 이득은 고작해야 몇 분이나 몇 시간이었지만, 유럽에서 오는 정보의 중요성을 감안하면 그것도 적지 않은 차이였다. 이 때문에 브리티시 아메리카의 동부 연안 지방은 경쟁자들보다 조금이라도 앞서기 위한 언론인과 사업가들의 각축이 벌어지는 공간이 되었다.

대서양을 해저로 횡단하는 전신 케이블 부설이라는 기술적 과업이

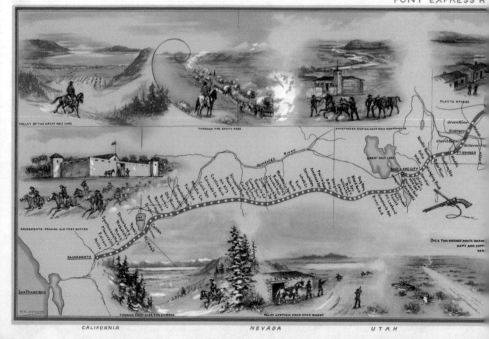

VALLEY OF THE GREAT SALT LAKE

THROUGH THE SOUTH PASS

SWEETWATER STATION NEAR SOUTH INDEPENDENCE

PLATTE BRIDGE

SACRAMENTO — PASSING OLD FORT SUTTER

SACRAMENTO

SAN FRANCISCO

THROUGH SNOW NEAR THE SIERRAS

RELAY STATION NEAR UTAH DESERT

CALIFORNIA   NEVADA   UTAH

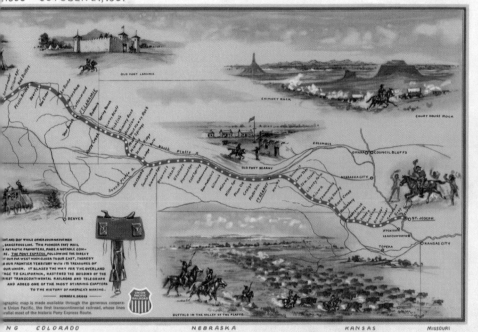

포니 특급이 운행하던 경로(위)와 이를 따라 전신선을 부설하는 모습(아래).

부각된 것은 바로 이러한 정보 수요에 착안한 결과였다. 이를 처음으로 제안한 인물은 뉴욕의 사업가 사이러스 필드(1819~1892)였다. 필드는 자수성가한 인물로서 20대에 뉴욕에서 종이 도매업으로 크게 성공을 거두었고, 30대 초에는 이미 뉴욕에서 33번째 부자로 손꼽힐 만큼 큰돈을 벌었다. 그러나 사업이 안정기에 접어들어 더 이상 자신의 도움이 필요 없는 것처럼 보이자, 아직 젊은 나이였던 그는 자신의 이름을 날릴 수 있는 새로운 프로젝트를 찾게 되었다. 그는 우연히 떠올린 대서양 전신 케이블이라는 아이디어에 흥미를 느꼈고, 1854년에 동업자들과 함께 대서양 횡단 케이블 부설을 위한 회사를 차리고 투자자를 모았다.

그러나 전신선을 일차적으로 뉴펀들랜드 섬까지, 더 나아가 대서양을 가로질러 영국까지 연장하자는 필드의 아이디어를 실현시키기 위해서는 첩첩이 쌓인 기술적 과제들을 해결해야 했다. 먼저 바닷물은 전기가 통하기 때문에 전신 선로를 바닷물과 절연해 주는 소재를 찾아야 했다. 이는 보르네오 섬에서 자라는 나무의 수액에서 채취한 거타퍼차(gutta-percha)라

사이러스 필드가 계획한 대서양 횡단 전신케이블 지도. 미국 동부 연안 위쪽으로 영국에서 오는 배의 경유지였던 노바스코샤와 뉴펀들랜드 섬이 보인다.

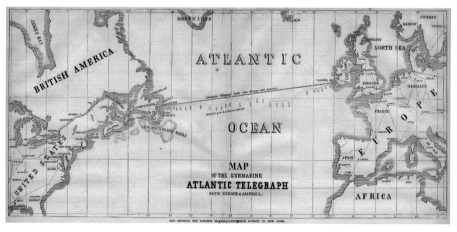

는 물질에서 얻을 수 있었다. 거타퍼차는 고무와 비슷하지만 뜨거운 물에 넣으면 부드러워져서 원하는 형태로 가공할 수 있었고, 전선에 코팅해서 절연 효과를 낼 수도 있었다. 대서양 횡단 케이블은 여러 가닥의 구리선에 거타퍼차를 여러 겹 입힌 후에 쉽게 끊어지지 않도록 철선을 칭칭 감아서 만들었다.

다음으로 이렇게 만든 케이블을 운반하는 문제가 있었다. 케이블은 무게가 1마일(1.6킬로미터)당 1톤 정도 나갔는데, 대서양을 가로지르기 위해서는 2,500마일(4,000킬로미터) 길이의 케이블이 필요했다. 그런데 당시에 존재했던 가장 큰 배도 2,500톤의 화물을 한 번에 실을 수는 없었다. 필드는 미국과 영국 정부를 설득해 케이블 부설에 쓸 수 있는 가장 큰 군함들을 빌린 후에 여기에 케이블을 절반씩 싣고 대서양 중간에서 만나 케이블을 이은 후 대서양 양안을 향해 부설하는 방식을 취해야 했다. 마지막으로 4,000킬로미터의 전신 선로를 가로

대서양 횡단 케이블 부설에 나선 미국 쪽 군함 나이아가라 호에서 뉴펀들랜드 섬으로 상륙할 전선을 내리는 모습. 배의 꽁무니에 케이블 부설에 쓰인 도르래 비슷한 장치가 보인다(위). 1858년에 부설된 대서양 횡단 케이블의 전선 단면도(아래).

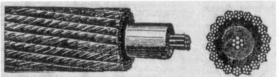

지를 때 나타나는 신호의 감쇠 문제가 남아 있었다. 육상에서는 먼 거리를 전송할 때 신호가 약해지면 중간에 있는 전신사무소에서 전신기사가 메시지를 다시 보내거나 이를 자동으로 되풀이해주는 중계기(repeater)를 둘 수 있었지만, 바다 밑에서는 불가능했다.

결국 이 모든 문제들이 그럭저럭 해결되어 케이블 부설에 실제로 나선 것은 1857년의 일이다. 부설 과정에서 케이블이 여러 차례 끊어지는 실패를 맛본 후, 1858년 8월 4일에 대서양 양안이 전신으로 처음 연결되었다. 이 사실이 알려지자 미국과 영국은 열광적인 축하 물결에

빠져들었다. 양국 언론은 "황홀의 극치"니 "인류 역사에서 예수 수난 다음으로 중요한 사건"

이니 하는 요란한 수식어를 동원해가며 대서양 횡단 케이블의 성공을 칭송했다. 9월 1일에 뉴욕에서는 1만 5,000명이 참여한 거리 행진이 열렸는데, 뉴욕 시가 생긴 이래 가장 규모가 컸던 축하 행사로 기록됐을 정도이다. 이를 기념해 영국의 빅토리아 여왕이 미국의 뷰캐넌 대통령에게 축전을 보냈고, 대통령 역시 이에 호응하는 답신을 보냈다. 두 나라 사람들은 이를 한때 뿌리가 같았지만 미국 독립전쟁 이후 소원해진 위대한 앵글로색슨 국가들의 재통합을 상징하는 사건으로 여겼다. 기술 진보에 대한 열광만큼이나 진한 인종주의적 색채를 띤 축하 물결이었던 셈이다.

그러나 처음 연결된 대서양 횡단 케이블은 불과 몇 주 동안 작동하고 끊어져버리고 말았다. 열광이 컸던 만큼 이에 대한 실망도 컸고, 케

빅토리아 여왕과 뷰캐넌 대통령이 주고받은 메시지(위)와 대서양 횡단 케이블을 영국과 미국의 재통합으로 그려낸 목판화(아래).

이블 부설 계획 전체가 일종의 사기였다고 주장하는 사람들까지 나왔다. 미국과 영국 정부는 문제가 무엇이었는지 파악하는 작업에 착수했고, 애초의 계획에 여러 가지 기술적 결함이 있었다는 사실을 밝혀냈다. 특히 신호 감쇠 문제를 해결하기 위해 케이블이 버텨낼 수 없을 정

세상을 바꾼 기술, 기술을 만든 사회

THE EIGHTH WONDER OF THE WORLD.

THE ATLANTIC CABLE.

도로 강한 신호(직류 전원으로 500볼트 이상)를 보낸 것이 문제의 원인으로 지목됐다.

이 과정에서 나중에 켈빈 경(Lord Kelvin)의 작위를 얻게 되는 영국의 물리학자 윌리엄 톰슨이 중요한 역할을 했다. 톰슨은 케이블의 구조를 재설계하는 한편으로, 감쇠로 인해 약해진 신호를 검출하는 새로운 방법을 제시했다. 이에 따라 1865년에 케이블 부설 작업이 재개되었고, 1866년 7월 28일에 대서양 양안이 재차 연결되었다. 이후부터 현재까지 한 번도 끊어지지 않았다.

1866년 대서양 횡단 케이블 연결을 '세계의 여덟 번째 불가사의'로 그려낸 미국의 석판화. 미국(독수리)과 영국(사자)을 상징하는 동물이 그려져 있고, 바다 밑에는 전신케이블과 함께 해신 포세이돈의 모습이 보이며, 위쪽 가운데에는 이 모든 일을 가능케 한 인물, 사이러스 필드의 초상화가 그려져 있다.

전화, 진기한 과학적 장난감으로 등장하다

19세기 말 전신이 당대의 상업, 무역, 금융, 외교, 언론 등 다양한 부문들에 미친 영향은 그야말로 대단했다. 어떤 사람들은 당시 전신의 영향력이 그로부터 100여 년 후 인터넷이 20세기 말의 사회에 영향을 미친 모습과 흡사하다고 해서 전신을 '19세기 인터넷'으로 부르기도 한다. 하지만 전신은 진정한 '19세기 인터넷'으로 불리기에 한 가지 중대한 결격사유가 있었다. 전신이 한 번도 '대중적인 매체'가 되어본 적이 없다는 것이다. 다시 말해 전신은 평범한 개인들이 일상적으로 연락을 주고받는 수단이 되지는 못했다. 이렇게 된 일차적 이유는 전신 메시지를 보내는 비용이 상당히 비쌌기 때문이다. 전신 메시지를 보낼 때는 단어 단위로 요금을 매겼기에 긴 메시지를 보내기에는 금전적 부담이 컸다. 해저 케이블을 이용하는 경우에는 그보다 훨씬 비쌌다.

연도	영업이익(단위: 백만 달러)		
	우체국	웨스턴 유니언	벨 시스템
1866	14.4	4.6	0.0
1870	18.9	6.7	0.0
1880	33.3	10.6	3.1
1890	60.9	20.1	16.2
1900	102.4	22.8	46.1
1910	224.1	30.7	164.2
1914	287.9	45.9	224.5
1920	437.2	n/a	448.2

우체국(우편), 웨스턴 유니언(전신), 벨 시스템(전화)의 연간 영업이익 추이. 전신의 전성기였던 19세기 말에도 전신이 우편의 영업이익 규모에는 크게 못 미쳤음을 알 수 있다. 1920년대가 되면 전신이 아니라 20세기 초에 급성장한 전화가 우편을 제치고 가장 대중적인 연락 수단으로 자리 잡았다.

세상을 바꾼 기술, 기술을 만든 사회

가령 1866년에 개통된 대서양 해저 케이블의 경우 초기에는 단어 하나를 전송하는 요금이 1파운드 정도였고, 몇 년 후에는 1실링으로 내렸지만, 여전히 일반인들이 쉽게 이용할 수 있는 금액 범위를 훌쩍 넘어섰다. 그래서 전신은 그만한 요금을 내고 얻는 정보를 통해 훨씬 더 큰 이득을 기대할 수 있는 기업, 정부, 신문사 같은 기관들이 주로 이용했고, 개인들의 경우에는 정말 급한 소식을 짧게 전해야 하는 경우를 제외하면 전신보다 우편을 이용했다.

그렇다면 전기를 이용한 통신 수단으로 가장 먼저 대중화된 것은 무엇일까? 바로 1876년에 처음 실용적 형태로 선을 보인 전화였다. 전화의 발명가가 누구인지를 놓고는 다소 설왕설래가 있지만, 많은 사람들은 미국의 발명가인 알렉산더 그레이엄 벨을 최초의 실용적 전화를 발명한 인물로 기억한다. 그런데 벨의 발명에 관해서는 한 가지 흥미로운 사실이 있다. 벨이 자신의 전화 발명을 특허로 출원했던 그날(1876년 2월 14일), 일라이샤 그레이라는 또 다른 발명가가 전화 발명에 관한 특허권보호신청(caveat)을 미국 특허청에 냈다는 것이다(특허권보호신청은 정식으로 특허를 출원하는 것은 아니지만, 대략적인 발명의 아이디어를 설명하면서 조만간 특허신청서를 내겠다며 미리 그 아이디어를 '찜해놓는' 절차를 말한다). 공교롭게도 같은 날 두 명의 발명가가 동일한 기본 아이디어에 대한 특허 관련 문서를 특허청에 들고 온 셈이다. 두 사람 중에 특허청을 먼저 찾았던 사람은 벨이고, 호사가들은 여기서 나타난 불과 몇 시간의 차이가 역사에 두고두고 기억될 전화의 발명가를 판가름했다고 말하곤 한다.

두 사람이 전화, 즉 전기를 이용한 음성 전송 방법을 발명하게 된 과정도 여러모로 상당히 비슷하다. 우선 두 사람은 1870년대 초 다중전신기(multiplex telegraph)에 대한 관심에서 출발했다는 점에서 공통점을 갖고 있다. 이 시기는 미국 전역에 이미 전신망이 거미줄처럼 깔려 전신 시스템이 성숙기로 접어들던 시점이다. 당시 전신과 관련해 가장 중요한 기술적 과제는 하나의 전선으로 여러 개의 메시지를 동시에 주고받을 수 있는 방법을 고안하는 것이었다. 전신의 수요가 너무 빨리 증가해서 기존에 깔려 있는 선로들로는 제시간에 처리하기 어려웠고, 이 때문에 보내야 할 전문이 쌓여서 수신자가 전문을 받아 보는 데까지 시간이 점점 더 많이 걸렸다. 문제를 해결할 방법은 물론 선로를 추가로 부설하는 것이었지만, 돈이 많이 드는 것이 문제였다.

이에 따라 발명가들은 하나의 선로로 여러 개의 신호를 간섭 없이 주고받는 방법을 고안하려고 애썼다. 벨과 그레이는 모두 다중전신기의 일종인 음향전신기(harmonic telegraph)를 연구하고 있었는데, 이는 하나의 전선으로 서로 진동수가 다른 여러 개의 메시지를 보내고 이들 각각을 고유진동수가 다른 여러 개의 수신기로 받는 장치였다. 그리고 두 사람은 거의 같은 시기에 모스 전신부호가 아닌 음성 자체의 전송 가능성을 깨달았다는 점까지도 비슷하다. 결국 그들이 연구하던 장치는 소리의 높낮이가 다른 여러 개의 신호를 섞어서 보내는 것이었고, 그런 방식과 음성 자체를 보낸다는 생각은 사실상 종이 한 장 차이에 불과하니 말이다.

그렇다면 거의 비슷한 발명 궤적을 그리던 둘의 운명을 갈라놓은,

알렉산더 그레이엄 벨(왼쪽)과
일라이샤 그레이(오른쪽).

그러니까 우리가 전화의 발명가를 그레이가 아닌 벨로 기억하게 된 결정적 계기는 뭐였을까? 역시 특허 출원 과정에서 나타난 몇 시간의 차이 때문이었을까? 진실은 그보다 복잡하다. 둘을 갈라놓은 차이는 벨과 그레이의 다른 직업적 배경에서 유래했다. 벨은 발명가이기도 했지만, 그에 앞서 청각장애인들에게 발성법을 가르치는 교사였고 이후 보스턴대학의 음성생리학 교수가 되었다. 그러니까 벨은 생계유지를 위한 다른 직업이 있었고 발명 활동을 일종의 취미로 삼은 아마추어 발명가였던 셈이다. 반면 그레이는 발명 활동을 생계유지 수단으로 삼은 직업 발명가였다. 직업 발명가는 특허를 대기업에 팔거나 직접 사업화해 수익을 올리고 다시 새로운 발명에 재투자하며 활동한다.

얼른 생각하면 다른 직업 활동에 시간을 뺏기는 벨보다 발명에만 온전히 시간을 쏟고 관련 정보를 접하기도 용이한 그레이가 훨씬 유리했을 것처럼 보인다. 그러나 전화의 발명에서는 두 사람의 처지가 정확히 거꾸로 작용했다. 벨이 음성의 전송 가능성을 추구했던 것은 그가 발성법을 교육하면서 오래전부터 품은 관심과 연관된다. 아마추

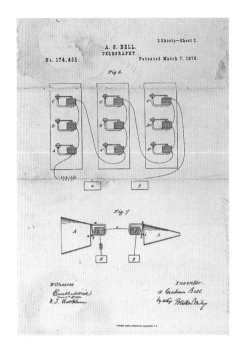

벨이 1876년 2월에 출원해 3월에 취득한 전화 특허.

어 발명가였던 벨은 비록 다중전신기의 문제에서 출발했지만, 음성의 전송 가능성을 눈치챈 후에는 수익이라는 현실적 문제에 구애받지 않고 개인적 관심사를 집요하게 좇았다.

반면 발명이 직업이었던 그레이는 당대의 지배적 산업이었던 전신의 개량 및 효율 향상에 일차적으로 관심을 가졌고, 비록 흥미로운 '과학적 장난감'이지만 돈이 될 가능성은 낮아 보였던 전화의 발명에 더 이상 허비할 시간이 없었다. 이 때문에 그는 뒤늦게나마 제대로 된 특허를 출원하고 벨과 특허 우선권을 놓고 다툴 기회를 스스로 포기하고 말았다. 나중에 그는 후회했지만 이미 때는 늦었다. 결국 전화의 발명에 얽힌 우선권 문제에서는 아마추어 발명가가 직업 발명가보다 유리했던 역설적 상황이 있었다.

전화, 전신을 넘어 사교의 매체가 되다

오늘날의 관점에서 보면 전화의 상업적 잠재력을 전신보다 낮게 평가한 그레이의 판단이 대단히 근시안적으로 보일지 모른다. 하지만 당

세상을 바꾼 기술, 기술을 만든 사회

시의 맥락에서는 전혀 그렇지 않았다. 미국의 전신 사업을 사실상 독점하던 웨스턴 유니언 사는 미국 전역에 이미 수십만 킬로미터의 전신 선로와 수만 개의 전신 사무소를 거느리고 있었다. 반면 전화 사업은 이제 막 시작될까 말까 하던 참이었다. 벨도 특허 취득 후 이러한 현실을 인정해 자신의 특허를 10만 달러에 판매하겠다고 웨스턴 유니언에 제안하기도 했다. 이는 굳이 새로 전화망을 구축하는 것보다 웨스턴 유니언이 보유한 기존 전신망을 활용해 전화 서비스를 제공하는 것이 낫겠다는 판단 때문이다. 이후 전화의 발전에 비춰 보면 10만 달러는 특허가 지닌 실제 가치의 1000분의 1에도 못 미치는 헐값이었지만, 웨스턴 유니언은 전화 같은 시시한 장난감에 관심이 없다면서 제안을 일언지하에 거절하고 말았다. (웨스턴 유니언의 판단은 미국 기업사를 통틀어 가장 '멍청한' 결정 중 하나로 흔히 손꼽힌다.) 그래서 전화의 상업화는 기존의 전신회사가 아니라 1877년에 새로 설립된 벨 전화회사(Bell Telegraph Company)가 맡았다.

벨 전화회사는 벨의 전화 특허에 기반해 강력한 독점을 구축했고, 벨의 특허권이 만료된 1893년까지 16년 동안 전화 사업을 완벽히 지배했다. 이 기간 동안 벨 사가 개통한 전화 대수는 1877년 3,000대(미국 인구 1만 명당 1대꼴)에 불과했던 것이 1880년에는 6만 대, 특허권이 만료되던 1893년에는 26만 대(인구 250명당 1명꼴)까지 크게 늘어났다. 가입자가 늘면서 통화를 원하는 가입자들을 서로 연결해주는 문제가 부각되자 벨 사는 전화 교환대를 설치하고 여성 교환수들을 고용해 이 업무를 담당하게 했다.

1880년대 초의 전화 교환대와
여성 전화 교환수.

특허권 만료 후 미국에서는 벨 사와 독립적으로 전화 서비스를 제공하는 소규모 전화회사들이 우후죽순으로 생겼고 벨 사의 시장 독점에 거세게 도전했다. 독립 전화회사들은 교환수를 호출할 필요 없이 다이얼을 돌리면 통화 상대방과 연결되는 자동 교환대를 도입해 비용을 절감했고, 여러 가구가 하나의 전화선을 공유하는 이른바 공동회선(party line) 전화 서비스를 시작해 경제적으로 넉넉하지 못한 사람들도 전화를 이용할 수 있게 했다. 독립 전화회사들의 사업이 절정에 달했던 1902년에는 그런 회사의 수가 9,000개에 달했고, 벨 사의 전화 시장 점유율은 50퍼센트까지 떨어졌다.

이러한 회사들이 운영하는 전화망은 대부분 서로 연결돼 있지 않아서 각 회사의 가입자들은 다른 회사 가입자들과 통화를 할 수 없었고, 고객의 전화를 받아야 하는 회사나 상점 같은 곳에서는 여러 대의 전화를 설치해야 하는 불편함이 따랐다. 그러나 미국의 전화 시스템에 일시적으로 나타난 혼란은 1907년 미국의 은행가 J. P. 모건이 벨 사의 후신인 미국전화전신회사(AT&T)의 주식을 사들여 경영권을 장악한 후 다시 공세적 인수합병을 통해 독립 전화회사들을 제어함으로써

교환수가 필요 없는 다이얼 자
동 전화를 홍보하는 1910년의
광고.

THE

AUTOMATIC
TELEPHONE

is one of the answers to the modern cry for greater
efficiency in everything.

You will never realize the true value of a perfect
telephone service until you install the

AUTOMATIC

UNMEASURED, UNLIMITED, AND
SECRET SERVICE

ILLINOIS TUNNEL COMPANY
166 Washington Street

공동회선 전화가 더 많은 사람
에게 전화 서비스를 제공해줄
수 있음을 내세운 20세기 초의
전화회사 광고.

PARTY LINES
help bring telephone service sooner

WE'RE ADDING TELEPHONE EQUIPMENT...
switchboards and wire, poles and cable ...
at a record-breaking pace.

Party-line service ... sharing the line ...
makes it possible for this new equipment to
serve the greatest number of people.

That's why, in most communities, we're in-
stalling new residence telephones on party
lines only.

Party-line service is *good* service, too, es-
pecially when party-line neighbors share the
line with courtesy and consideration for others.

"IT'S MARY!
SHE HAS HER
TELEPHONE!"

THE DIAMOND STATE TELEPHONE COMPANY

전화를 사업 목적이나 다양한 가사 조력 수단으로(가족 간의 긴요한 용건 전달, 의사의 왕진 요청, 경찰 호출 등) 사용하는 모습을 보여주는 20세기 초의 전화회사 광고.

단시일 내에 종식된다. 미국의 전화 시스템은 다시금 AT&T를 중심으로 통합된 시스템으로 자리를 잡게 된다. AT&T는 1915년에 뉴욕과 샌프란시스코를 잇는 대륙횡단 전화 가설에 처음으로 성공했고, 1920년까지 1,300만 대(인구 8.1명당 1대꼴)에 달하는 전화를 가설해 전화의 대중화를 이끌었다.

이처럼 전화가 대중적 통신 수단으로 탈바꿈하는 과정에서 눈여겨볼 만한 변화 중 하나는 전화라는 매체를 이해하는 시각이 19세기에서 20세기로 넘어갈 무렵에 완전히 바뀌었다는 사실이다. 이를 이해하려면 요즘 우리가 전화를 주로 어떤 용도로 이용하는지를 잠시 떠올려볼 필요가 있다. 오늘날 우리는 전화를 다양한 실용적 목적으로 (음식 주문, 도난 신고, 자녀의 행방 확인 등) 활용하지만, 그럼에도 전화의 주된 용도는 가족이나 가까운 친구와의 일상적 대화, 즉 특별한 목적 없이 주고받는 '잡담'에 있다. 다시 말해 오늘날의 전화는 사교를 위한 매체인 셈이다. 그러나 전화가 도입된 초창기에는 그렇지 않았다. 전화를 가설하고 서비스를 제공하는 전화회사 역시 마찬가지로 생각했다. 초기 전화회사들은 전화를 이전에 있던 전신 서비스의 연장선상에서 사고했고, 그런 점에서 가입자들이 전화를 주로 사업 용도로 사용할 거라고 기대했다. 이는 가정에 가설된 전화의 경우에도 마찬가지여서, 전화는 주로 가사 조력 수단(가족 간의 긴요한 용건 전달, 의사의 왕진 요청, 경찰 호출 등)으로 이용될 것으로 기대되었다.

전화 사용에 대한 이러한 기대가 널리 퍼져 있던 이유는 초창기 전화회사 경영진들이 대부분 전신회사에서 일하다 온 사람들이어서 전

"Do come over!"

FRIENDS who are linked by telephone have good times

The Pacific Telephone and Telegraph Company

Business Office: 440 Railroad Street. Telephone Pittsburg 440.

Telephones near at hand...
for Comfort and Convenience

By the dressing-table ... in the library, sun porch, guest-room ... wherever they will save steps and time, and add comfort to living

OF THE many features which contribute to the livability and smartness of the modern home, few are more truly convenient than *enough telephones*, properly placed to give the greatest possible ease in the use of the service.

It is so desirable, nowadays, to have telephones in all rooms frequently used. Then important tasks need not be interrupted, nor long trips made to distant parts of the house, whenever an outside call is made or answered.

In many residences, the dressing-room suggests itself as an appropriate location. A telephone here not only saves steps and time, but tends to prevent annoying delays when one is preparing for bridge, travel or the theater.

And other rooms are equally suitable. The exact locations vary according to the requirements of different households. Your local Bell Company will be glad to survey your home, and recommend the telephone arrangements best suited to your needs. Just telephone the Business Office.

전화를 즐겁고 우아한 사교적 목적으로 활용할 수 있음을 내세운 1920년대 이후의 전화회사 광고. 전화의 주된 용도가 바뀌어가는 모습을 엿볼 수 있다.

신의 사용 방식이 전화에 그대로 적용될 거라는 문화적 선입견을 가졌기 때문이다. 전화는 전신과 달리 모스 부호를 쓰지 않기 때문에 복잡한 조작 기술이 필요 없고, 가정에 설치해 전신기사의 개입 없이 가입자들끼리 직접 대화를 주고받을 수 있어 개인적 · 감성적 의사소통이 가능하다는 장점이 있었지만, 이러한 차이는 초창기 전화회사 경영진들에 의해 무시됐다. 그들은 전화가 소중한 공공적 통신 수단이기 때문에 중요한 용건 전달에만 쓰여야 한다고 보았고, 일부 가입자들이 '하잘것없고' '불필요한' 잡담에 전화를 사용한다고 개탄하면서 이러한 통화를 자제하도록 가입자들을 교육시키려 했다. 전화회사 경영진이라면 더 많은 통화료 수입을 얻기 위해 가입자들의 장시간 통화를 권장하고 장려하는 것이 정상일 것 같지만, 실은 그 반대 현상이 나타났던 것이다.

그러나 전화 가입자들은 전화회사의 이러한 볼멘소리와 노력에도 아랑곳하지 않고 계속해서 사교와 잡담을 위해 전화를 활용했다. 결국 전화회사들이 고집을 꺾고 가입자들의 성향을 받아들여 사교를 위한 매체로 다시 설정한 것은 1920년 이후의 일이다. 이러한 변화가 나타난 이유는 1920년 이후 전화 시장이 점차 포화되어 전화의 신규 가설이 어려워지면서 전화회사들이 새로운 이윤 획득 방식을 찾아나선 점이 중요하게 작용했다. 전화의 확산과 보급 과정은 이전에 쓰이던 유사 기술에 대한 선입견이 이후에 나타난 기술의 발전 궤적과 사용 방식에 영향을 미칠 수 있음을 잘 보여주는 사례라 할 수 있다.

해저 케이블과
19세기 세계화의 진전

오늘날 우리는 실시간으로 해외의 정보망과 연결돼 있다. 해외의 친지들에게 국제전화를 걸어 대화를 나누기도 하고, PC나 스마트폰으로 외국 웹사이트에 접속해 정보를 검색하기도 하며, 다른 나라에서 송출된 영상 신호를 통해 가정에서 해외 스포츠 경기를 생방송으로 시청하기도 한다. 그러한 전화, 인터넷, 방송 신호들은 어떻게 우리에게 도달하는 것일까? 많은 사람들은 그런 신호가 인공위성을 통해 우리에게 도달한다고 막연히 생각한다. 실제로 해외에서 송출된 생방송 화면을 보면 '위성생중계' 같은 문구가 들어 있어 그런 인상을 주는 경우가 많다. 하지만 사실 해외에서 우리에게 도달하는 정보의 대부분은 전 세계 바닷속에 깔려 있는 해저 광케이블을 통해 전송된다.

최근의 통계를 보면 대양을 넘나드는 데이터 통신의 99퍼센트 이상이 해저 케이블을 통해 전송된다고 한다. 일례로 2011년 3월 11일의 동일본 대지진 때 일본과 미국을 잇는 해저 케이블 중 일부가 손상된 후 해저 케이블의 재난 취약성을 우려한 목소리들이 나온 것을 보면 미뤄 짐작할 수 있다.

앞서 살펴본 것처럼 오늘날 국제적 통신에서 엄청난 비중을 차지하는 해저 케이블의 시발점은 대서양 횡단 전신 케이블이 성공을 거둔 150여 년 전으로 거슬러 올라간다. 이후 해저 케이블은 빠른 속도로 확장되었다. 이러한 확장은 본국과 식민지 간의 통신을 원활하게 하려는 제국주의 국가들(특히 영국)의 이해관계가 크게 작용한 결과이다. 1870년에는 지브롤터 해협을 거친 후 지중해와 홍해를 가로질러 영국과 인도를 잇는 해저 케이블이 완성되었다. 1870년대에 케이블은 더욱 연장되어 인도에서 동남아시아, 중국, 오스트레일리아에 이르렀고, 대서양을 위아래로 가로질러 영국과 남아메리카를 잇는 전신 케이블이 새로 부설되었다. 1880년대 중반에는 아프리카 서해안과 동해안을 에두르는 해저 케이블이 부설되어 희망봉에서 연결됐고, 최초의 대서양 횡단 케이블처럼 인기가 높았던 선로에 대해서는 케이블이 추가로 놓였다. 1900년이 되면 전 세계 바닷속에 총연장 30만 킬로미터에 달하는 해저 케이블이 깔렸고, 영국과 미국 사이의 대서양 횡단 케이블은 모두 13개로 늘어나 매일 1만 개의 메시지를 주고받게 되었다.

이렇게 깔린 해저 케이블은 멀리 떨어진 지역들 간에 메시지가 전달되는 속도를 획기적으로 단축시켰다. 가령 영국과 인도 간의 통신을 예로 들어보자. 1830년에 영국에서 인도로 메시지를 보내는 가장 빠

SUBMARINE CABLE MAP 2016

ARCTIC OCEAN

GREENLAND

ARCTIC O

U.S.
(ALASKA)

CANADA

NEW YORK/NEW JERSEY

CORNWALL

ICELAND

SWEDEN

FINLAND

NORWAY

POLAND

BELARUS

UKRAINE

GERMANY

FRANCE

SPAIN

TURKEY

UNITED STATES

NORTH
PACIFIC
OCEAN

MEXICO

NORTH
ATLANTIC
OCEAN

TUNISIA

MOROCCO

WESTERN
SAHARA

ALGERIA

LIBYA

EGYPT

MAURITANIA

MALI

NIGER

CHAD

SUDAN

SOUTHERN
FLORIDA

HAWAII

FRENCH POLYNESIA

COLOMBIA

VENEZUELA

GUYANA

SURINAME

FRENCH GUIANA

NIGERIA

CENTRAL
AFRICAN REP.

SOUTH
SUDAN

ETHIOPIA

KIRIBATI

AMERICAN
SAMOA

PERU

BRAZIL

BOLIVIA

CHILE

PARAGUAY

DEM. REP.
OF THE CONGO

CONGO

GABON

SAO TOME
AND PRINCIPE

ANGOLA

ZAMBIA

TANZANIA

MALAWI

MOZAMBIQUE

ZIMBABWE

NAMIBIA

BOTSWANA

SOUTH
ATLANTIC
OCEAN

SOUTH
AFRICA

SOUTH
PACIFIC
OCEAN

ARGENTINA

URUGUAY

MAJOR ROUTES

Fiber Pairs

INTRA-ASIA
56

TRANS-PACIFIC
51

EUROPE-ASIA
30

TRANS-ATLANTIC
69

U.S.-LATIN AMERICA
49

U.S.-LATIN AMERICA

Submarine Cable & Lit Capacity Deployment

Mid-Atlantic Crossing

GlobeNet

Americas-II

Pan American Crossing

Maya-1

America Movil-1

ARCOS

SAm-1

Share of Lit Capacity

Share of Unlit Potential Capacity by Cable Age

Number of In-Service Cables

TRANS-ATLANTIC

Columbus-III

AC-1

Yellow

Hibernia Atlantic

FLAG Atlantic-1

Tata TGN-Atlantic

TAT-14

Apollo

EUROPE-AS

FLAG Europe-Asia

SeaMeWe-3

TE North/TGN-EurasIA

SeaMeWe-4

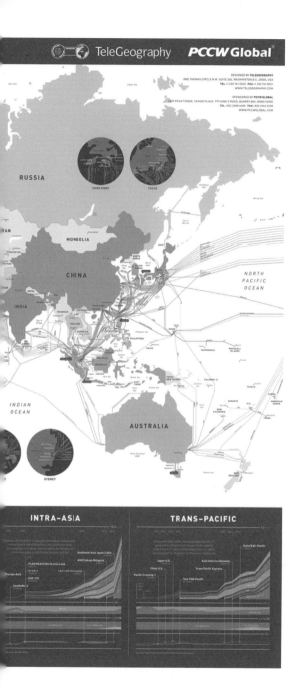

오늘날의 해저 광케이블망. 20
세기 초의 해저 전신 케이블망
과 배치가 거의 유사함을 알 수
있다.

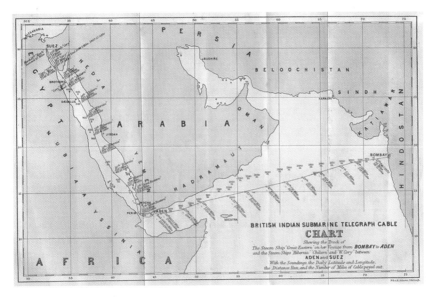

1870년에 완성된 영국-인도
해저 케이블의 홍해-인도양
쪽 지도.

1901년 전 세계 바다 밑에 깔
린 해저 케이블 지도. 당시 계
획 중이던 태평양횡단 전신
케이블이 점선으로 표시돼
있다. 태평양횡단 케이블은
1902~1903년에 설치되었다.

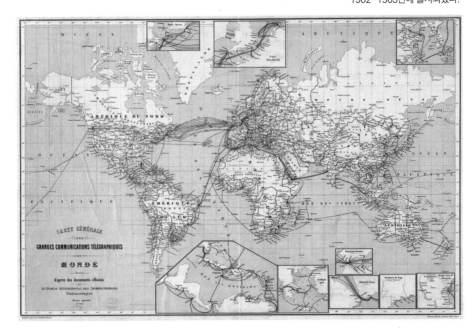

른 경로는 범선을 타고 아프리카의 희망봉을 돌아가는 뱃길이었고 기상이나 풍향에 따라 5~8개월이 소요되었다. 인도로 편지를 보내고 답신을 받으려면 인도양에 부는 계절풍(몬순) 탓에 배를 띄울 수 있는 기간이 제한되어 왕복 2년의 기간이 걸렸다. 그러던 것이 1850년에는 철도와 증기선이라는 새로운 운송 수단 덕분에 인도까지 가는 데 걸리는 기간이 35일 안팎으로 크게 단축됐다. 메시지는 영불해협을 배로 건너 철도로 프랑스를 관통했고 프랑스 남부 해안에서 증기선으로 지중해를 가로질러 이집트의 알렉산드리아로 전달된 후 나일강을 배로 거슬러 올라 카이로로, 이어 낙타에 실려 수에즈까지 전달되었고 이곳에서 다시 증기선을 타고 인도 서부의 봄베이(오늘날의 뭄바이)로 전해졌다. 그러나 1870년에 영국-인도 간 해저 케이블이 깔리면서 두 지역 사이의 메시지 전달에 걸리는 시간은 불과 5시간으로 줄어들었다. 세계의 물리적 크기는 그대로였지만, 메시지 전달에 걸리는 시간을 기준으로 하면 19세기 말에 세계는 엄청나게 쪼그라든 셈이다.

이처럼 메시지의 전달 속도가 빨라지고 정보가 실물보다 더 빨리 움직이면서 외교와 식민지 통치의 성격은 근본적 변화를 겪었다. 가령 19세기 초만 해도 유럽 제국주의 국가들과 남아시아나 동남아시아에 위치한 식민지 사이의 통신에는 수 개월에서 1년 가까이 걸렸다. 식민지 정부가 본국의 지시를 받아 통치한다는 것은 사실상 불가능했다. 이 때문에 식민지는 보통 본국에서 임명한 총독이 거의 전권을 부여받아 다스리는 사실상의 자치령에 가까웠다. 그러나 19세기 말에 국제적 통신 속도가 빨라지면서 식민지에 대한 본국 정부의 직할 통치가 가능해졌다. 이는 본국과 식민지의 관계를 근본적으로 바꿔놓았다. 19세기 말에 서구 열강들이 경쟁적으로 아시아와 아프리카에 식민지 확보 경쟁을 벌이게 된 배경에도 이러한 통신망의 개선이 중요하게 작용했다.

아울러 해저 케이블은 이전까지 국제 무역에 내재해 있던 불확실성을 상당 부분 제거함으로써 상업과 무역의 세계화에 기여했다. 해저 케이블이 깔리기 전 해외 무역의 전형적 형태에는 수많은 불확실성이 개재돼 있었다. 가령 1850년경에 커피콩을 수입해 판매하는 사업을 하던 영국의 한 상인이 브라질로 가는 배를 띄웠다고 가정해보자. 당시에 영국에서 브라질까지는 증기선으로 35일쯤 걸렸는데, 다행히 도중에 풍랑이나 해적을 만나지 않고 브라질의 항구에 무사히 입항했다고 하자. 여기서 항구에 선적할 물량이 충분하면 이것을 싣고 영국으로 곧장 돌아가면 되었지만, 그렇지 않은 경우도 많았다. 막상 항구에 정박해보니 그해의 커피콩 수확이 형편없거나, 폭우로 내륙에서 커피콩을 실어 오는 나귀 떼의 이동이 원활치 못해 창고에 보관된 물량이 충분치 못할 수도 있었다. 이런 경우에 배는 항구에서 마냥 기다릴 수밖에 없었다.

만약 물량 부족이 단기간에 해소될 것으로 기대하기 어렵다면 아쉬운 대로 부족한 물량만 선적해 영국으로 돌아갈 수도 있었고, 임시변통으로 영국에서 팔 만한 다른 상품을 싣고 돌아갈 수도 있었다. 심지어는 부족한 화물을 보충하기 위해 예정에 없던 지역으로 추가 항해를 해서 다른 상품을 싣고 갈 수도 있었다. 이 모든 과정은 배의 선장과 현지에서 상인의 이해관계를 대리하는 화물 관리인이 결정해야 했다. 그러다 보니 영국에 있는 상인은 배가 무사히 돌아오기를 무작정 기다릴 수밖에 없었고, 배의 귀환이 예정보다 늦어질 때도 무슨 일이 생겼는지 알 길이 없는 경우가 많았다. 이 시기의 해외 무역이란 자연히 큰 불확실성과 위험 부담을 안은 사업일 수밖에 없었다.

그러나 해저 케이블이 깔리고 정보가 실물보다 더 빨리 움직이자, 이제 영국의 상인은 항해 중인 선원들보다 그 목적지의 사정을 더 일찍 소상히 알 수 있었다. 그에 맞춰 해당 선박이 입항 후 어떤 조치를 취해야 하는지를 사전에 지시할 수 있게 됐다. 오늘날 우리가 알고 있는 정례화된 국제 무역은 앞서 살펴본 불확실성이 사라지면서 비로소 가능해진 결과물이다. 결국 19세기 말의 외교, 식민지 지배, 무역, 언론 등이 모두 해저 케이블의 발전에서 직접적이고도 큰 영향을 받았다. 해저 케이블은 19세기 말의 세계화 경향을 형성한 주요한 힘 중 하나였다고 할 수 있다.

6

토머스 에디슨,
천재 발명가의
성공과 실패

19세기 말에서 20세기 초에 걸쳐 활동한 미국의 발명가 토머스 앨바 에디슨(1847~1931)은 아마도 동시대 미국뿐 아니라 동서고금을 막론하고 발명가로서는 가장 유명한 인물일 것이다. 대부분의 사람들은 어렸을 때 에디슨의 위인전기를 접해본 적이 있을 터이고, 이로부터 에디슨에 얽힌 수많은 일화들을 떠올릴 수 있을 것이다. 달걀에서 병아리가 나온다는 말을 듣고 달걀을 품었다거나, 헛간에 불을 붙이면 어떻게 되나 보려다가 마을 광장에서 아버지로부터 채찍질을 당했다거나, 물을 부으면 가스가 생기는 가루를 친구에게 먹여 공중에 둥실 뜨게 하려고 했다가 친구가 배가 아팠다거나 하는 일화들은 너무나 유명해서 굳이 부연 설명이 필요 없을 정도이다. 어려운 가정 형편을 돕기 위해 열차에서 신문을 팔았다거나, 열차에 화학 실험실을 만들고 실험하다가 불을 내서 차장에게 따귀를 맞아 귀가 안 들리게 되었다거나, 역장의 어린 아들을 열차 앞에서 구해줘서 보답으로 전신 기술을 배우게 되었다거나 하는 십대 시절의 일화들도 빼놓을 수 없다.

유소년기의 일화들 못지않게 유명한 것이 에디슨의 놀라운 발명에 얽힌 일화들이다. 에디슨은 젊었을 때 주로 뉴욕에서 발명을 하다가 29세 때인 1876년에 뉴욕 인근의 한적한 시골인 멘로 파크에 연구소를 세우고 발명에 몰두하게 되는데, 이곳에서 나온

에디슨의 전기 영화 〈젊은 날의 톰 에디슨(Young Tom Edison)〉(1940)에서 에디슨 역을 맡은 미키 루니가 열차에서 신문팔이로 포즈를 취한 모습. 오른쪽의 나이 든 여성은 에디슨의 둘째 부인 마이나 에디슨이다.

에디슨이 1878년 초 대통령에게 축음기를 시연하기 위해 워싱턴 DC를 방문했을 때 찍은 사진. 축음기의 대중적 성공은 에디슨에게 '멘로 파크의 마술사'라는 별명을 안겨주었다.

에디슨이 마술사 같은 복장으로 전구 필라멘트의 재료를 찾는 모습을 그려낸 《데일리 그래픽》 1879년 7월 9일자 표지.

여러 발명품들은 그에게 엄청난 유명세를 안겨주었다. 그가 발명한 축음기는 '말하는 기계'로 미국 전역에서 센세이션을 일으켰고, 곧이어 만든 백열전구는 세상에 빛을 가져다준 거대한 전기 사업의 시발점으로 일컬어진다. 이처럼 놀라운 발명들을 본 사람들은 에디슨에게 '멘로 파크의 마술사(Wizard of Menlo Park)'라는 별명을 붙여주기도 했다.

이러한 일화들은 에디슨이 남긴 명언들—"천재는 99%의 땀과 1%의 영감으로 이루어진다" 같은 말—과 합쳐져 천재 발명가에 대한 일종의 고정관념을 만들어냈다. 요컨대 에디슨은 어렸을 때부터 호기심 많은 괴짜였고, 시대를 앞서간 기발한 발명들로 세상을 깜짝 놀라게 했으며, 학교교육을 제대로 받지 못한 데 따른 불리한 조건을 마치 꿀벌과 같은 근면과 노력으로 극복한 인물이라는 것이다. 그러나 위인전기를 통해 널리 퍼진 에디슨의 대중적 이미지는 에디슨 자신이 평생 동안 펼쳐나간 활동과는 상당한 괴리가 있다. 과연 어떠한 점에서 그러했을까? 에디슨의 대표적인 성공 사례와 실패 사례들을 좀 더 자세히 들여다보며 이 질문에 답해보도록 하자.

에디슨은 백열전구를 발명했는가?

에디슨의 대표적인 업적 중 하나로 사람들은 흔히 백열전구를 꼽는다. 하지만 '에디슨이 전구를 발명했다'는 문장은 조금 꼼꼼히 들여다볼필요가 있다. 여기에는 여러모로 따져볼 구석이 많다. 첫째, 에디슨 '혼자서' 전구를 발명한 것이 아니고, 둘째, 에디슨이 '처음' 전구를 발명한것도 아니며, 셋째, 에디슨은 전구 말고 거기에 연결된 수많은 것들을'함께' 발명했기 때문에 성공을 거두었다는 점에서 그렇다.

첫 번째부터 생각해보자. 흔히 발명가라고 하면 지하실이나 골방같은 데서 혼자 작업하다가 순간적으로 번득인 아이디어를 가지고 놀라운 발명품을 선보이는 괴짜 같은 인물을 떠올리곤한다. 이는 영화나 만화 등을 통해 많은 사람들에게익숙해진 이미지이다. 하지만 이러한 상투적 이미지와 달리, 성공한발명가들은 대부분 혼자서 일하지도 않고 세상과 거리를 두지도 않는다. 에디슨이 어떻게 발명 활동을했는지를 살펴보면 이 점을 이해할수 있다.

에디슨은 그 자신이 뛰어난 발명가이기도 했지만, 그보다 '발명 공장(invention factory)'의 운영자이기

에디슨의 가장 유명한 발명품인 백열전구의 초기 모델.

도 했다. 요즘으로 치면 여러 사람이 함께 일하는 연구소의 소장 같은 역할이었다. 에디슨은 멘로 파크 연구소를 차리면서 뉴욕에서 함께 발명 활동을 하던 핵심 조력자들을 데려왔고, 수만 달러의 거금을 들여 당시 그 어떤 대학이나 기업에서도 찾아볼 수 없던 수준의 시설과 장비를 갖추었다. 멘로 파크에는 미국과 유럽에서 나오는 학술지와 기술 잡지들이 망라된 도서실, 각종 공작기계들로 가득 찬 기계공작소, 다양한 시약들을 비치한 화학 실험실 등이 모두 갖춰져 있었고 발명에 필요한 지원을 그때그때 제공할 수 있었다.

에디슨은 소박하고 단출해 보이는 인상과 달리, 주위에 숙련 기계공, 화학자, 물리학자 등 전문 인력으로 구성된 30여 명의 연구팀을 거느리고 있었다. 이 중에는 프린스턴 대학에서 박사 학위를 받고 독일 유학을 다녀온 물리학자 프랜시스 업턴도 있었다. 이들은 에디슨이 시키는 일만 곧이곧대로 하는 조수들이 아니었다. 에디슨

멘로 파크 연구소 전경(1880). 가운데 앞뒤로 긴 건물이 주 실험실이고, 앞에 있는 작은 벽돌 건물이 도서실 겸 사무실, 뒤쪽에 있는 건물이 기계공작소이다. 일견 소박해 보이는 외관과 달리 이곳에는 발명을 위한 시설과 장비들이 잘 갖춰져 있었다.

멘로 파크 연구소의 기계공작소 내부. 에디
슨의 발명에 필요한 기계 부품을 제작하는
역할을 했다.

전등 발명이 밤낮없이 진행 중이던 1879년
에 찍은 에디슨 연구팀의 모습. 가운데 밀짚
모자를 들고 있는 사람이 에디슨이고, 맨 뒷
줄 오른쪽에 짙은 색 정장을 입고 턱수염을
기른 사람이 물리학자 업턴이다.

의 부족한 부분들을 채우고 각자가 전문성을 발휘해 문제를 함께 풀어가는 동료에 가까웠다. 예를 들어 에디슨은 독학을 했기 때문에 과학에 대한 이론적 지식이 부족했는데, 전기 관련 발명에서 이런 약점은 업턴 같은 과학자가 이론과 수학적 계산을 담당하면서 해소될 수 있었다.

전구를 포함해서 멘로 파크에서 나온 모든 발명은 이러한 공동 작업의 결과물이었지만, 에디슨이 평생 동안 취득한 1,093개에 달하는 특허들은 모두 에디슨 혼자서 한 발명으로 특허 출원되었다(지금은 그 기록이 깨졌지만 에디슨은 1980년대까지 미국 특허청에서 가장 많은 특허를 취득한 사람으로 기록되어 있었다). 이는 에디슨이 갖고 있던 '멘로 파크의 마술사'로서의 '신화'를 대외적으로 유지해서 발명에 대한 금전적 지원을 얻기 위한 방편이었다. 에디슨의 명성이 높아질수록 에디슨이 하고자 하는 발명에 돈을 대려는 사람이 많아질 것이고, 그러면 에디슨의 발명이 사회에서 성공을 거둘 가능성이 높아질 테니 말이다.

또한 에디슨이 백열전구라는 아이디어를 처음 떠올린 것도 아니었다. 기술 분야에서는 흔히 누가 먼저 특허를 얻었는지가 새로운 발명을 누가 해냈는지 판가름하는 기준이 되는데, 에디슨은 전구 특허를 처음 출원한 인물이 아니다. 도체에 전류를 통할 때 도선이 빨갛게 달아오르면서 빛을 내는 백열 현상은 이미 19세기 초부터 과학자들에게 알려져 있었다. 이를 이용해 조명 장치를 만들려는 발명가들의 노력이 19세기 내내 이어져왔다. 사실 다양한 물질(백금, 탄소 등)을 필라멘트로 이용한 백열전구를 발명한 사람은 에디슨 이전에도 이미 20여 명이 있었다. 그중 몇몇은 특허를 얻기도 했다.

물론 이에 대한 반론도 있을 수 있다. 에디슨 전에 만들어진 백열전구들은 대부분 수명이 너무 짧아서 실용적이지 못했고, 따라서 최초의 '실용적' 전구를 발명한 사람은 여전히 에디슨이라는 식으로 말이다. 그러나 이러한 주장을 받아들인다 해도 논란의 여지는 있다. 에디슨이 전구 특허를 출원한 1879년에 영국의 화학자이자 발명가인 조지프 스완이 먼저 탄소 필라멘트를 이용한 실용적 전구를 공개 시연했다. 다만 스완은 자신의 발명을 당장 특허로 출원하지 않았는데, 백열전구의 원리가 이미 널리 알려져 있어 특허를 얻을 만큼 새로운 것이 못 된다고 생각했기 때문이다. 스완은 뒤늦게 특허를 출원하지 않은 것을 후회하고 1880년에 여러 건의 특허를 출원했다. 이후 영국에서 전등 사업에 나선 에디슨 영국 지사는 스완과의 특허 우선권 분쟁이 장기화될 것을 우려해 스완과 합작 회사를 차리고 두 사람의 이름을 합친 '에디스완(Ediswan)'이라는 상표명으로

에디슨보다 먼저 실용적인 전구를 선보인 영국의 과학자 조지프 스완.

전등 사업을 벌이게 된다. 그래서 지금도 영국에서는 전구의 발명가가 에디슨이 아니라 자기 나라 사람인 스완이라고 생각하는 사람들을 종종 볼 수 있다.

에디슨은 전구가 아니라 '전기 시스템'을 발명했다

에디슨이 '최초의' 전구 발명가도 아니고, 심지어 최초의 '실용적' 전구 발명가도 아니라면, 왜 오늘날 우리는 에디슨의 가장 중요한 업적을 전구의 발명으로 기억하고 있을까? 에디슨보다 앞서서, 혹은 에디슨과 같은 시대에 전구를 발명하고 사업화하려 했던 다른 발명가들에 비해, 에디슨은 어떤 점에서 특별했기에 오늘날까지 전구의 발명가로 이름을 날리게 되었을까?

이 질문에 대한 답을 한마디로 하면, 에디슨은 전구만 발명한 것이 아니라 그와 연관된 '전기 시스템' 전체를 발명했다는 것이다. 이는 조금 설명이 필요하다. 오늘날 우리는 벽에 나 있는 콘센트에 전기 플러그를 꽂으면 220볼트의 정격화된 전류가 흘러나오는 세상에서 살고 있다. 새로 가전제품을 구입했을 때 우리가 할 일은 플러그를 벽의 콘센트에 꽂는 것뿐이다. 그 벽에 나 있는 콘센트로 전기가 도달하기까지 어떤 일이 생기고 무엇이 필요한지에 관심을 갖는 사람은 거의 없다. 이는 우리가 이미 어디서나 전기를 쓸 수 있는 것이 당연한 세상, 다시 말해 '전기화'된 세상에서 살기 때문이다.

하지만 에디슨이 전구 문제를 풀겠다고 선언하고 전등 사업에 나선 1870년대 말에는 전혀 그렇지 않았다. 당시에는 전기를 만드는 발전소도, 이를 각 가정으로 나르는 송전선도, 가정의 벽에 나 있는 콘센트도 존재하지 않았다. 누구든 간에 전구를 실용적인 것으로 만들기 위해서는 이 모든 것을 사회에 먼저 도입해야 했다. 그래서 에디슨과 동료들은 전구에 빛을 내기 위해 필요한 모든 부품과 요소를 발명하거나 새롭게 만들었다. 전기를 만들어내는 거대한 발전기, 하나의 중앙 발전소에서 각 가정으로 균일한 전류를 보내는 배전 체계, 가정으로 전기를 보내는 송전선, 전구를 끼울 소켓, 전구를 만들 때 그 속에서 공기를 빼내는 진공 펌프 등이 그의 발명품 목록에 올랐다. 심지어 과전류가 흘러 불이 나는 것을 막기 위한 퓨즈나 각 가정에서 사용한 전력량을 측정해 요금을 부과하는 데 쓸 계량기까지 발명해야 했다. 이 과정에서 에디슨과 연구팀 사람들은 전구만이 아니라 전기와 관련된 시스템 전반에 걸쳐 200여 개의 특허를 출원했을 정도로 많은 발명을 했다.

에디슨이 1881년 파리 만국박람회에 출품한 '점보' 발전기. 나중에 펄 스트리트 발전소에 6대가 쓰였다.

백열조명을 사회에 도입하는 과정에서 에디슨의 역할은 단지 다양한 구성요소들의 발명에서 끝나지 않았다. 전구에 불이 들어오는 것을 한 번 보여주고 마는 것이 아니라 수천 가구에 전등을 밝히는 사업을 하려면 수만 개의 전구가 지속적으로 필요했다(당시에는 전구의 수명이 100시간 남짓이어서 수시로 전구를 갈아줘야 했다). 그 외에 발전기, 송전선, 퓨즈, 계량기 등도 대량으로 생산해야 했다. 전등 사업이 예상보다 늦어지는 데 실망한 투자자들은 여기에 돈을 대기를 꺼렸고, 에디슨은 직접 자본을 끌어들여서 에디슨 기계 회사(Edison Machine Works), 에디슨 전구 회사(Edison Lamp Company), 에디슨 전선 회사(Edison Tube Company) 등 여러 제조회사를 설립해야 했다. (이 회사들은 나중에 통합되어 에디슨 제너럴 일렉트릭[Edison General Electric]이 되었고, 1892년에 직류 전기를 공급하던 에디슨 회사와 교류 전기를 공급하던 톰슨-휴스턴 사가 합병하면서 오늘날의 제너럴 일렉트릭이 설립되었다).

이런 회사들에서 생산된 다양한 구성요소들은 에디슨이 뉴욕 맨해튼의 펄 스트리트(Pearl Street)에서 추진하던 상업적 모험사업에 투입되었다. 에디슨은 일종의 시범사업으로 뉴욕 에디슨 전기조명 회사(Edison Electric Illuminating Company of New York)를 설립하고 중앙 발전소를 건립해 전등을 공급하려 했다. 이를 위해 그는 기존에 쓰던 가스등 대신 전등을 사용할 가입자를 모집하고, 도심에 수십 킬로미터 길이의 구덩이를 파서 지하송전선을 매설하고(당시에는 안전상의 이유로 전선을 전봇대에 늘어뜨리지 않고 땅속에 묻어야 했다), 매설 공사 허가를 얻기 위해 뉴욕 시 의원들에게 정치적 로비를 하는 등 다양하고 폭넓은 활동

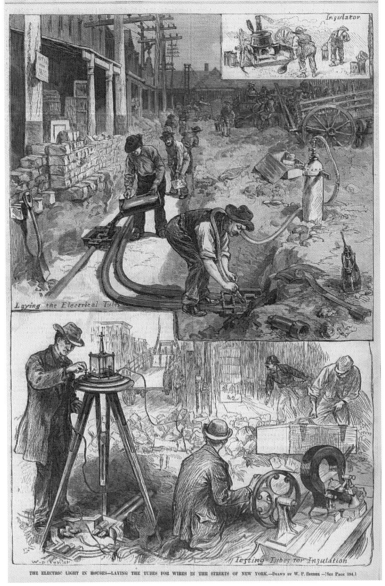

뉴욕 맨해튼에 지하송전선을
매설하는 광경을 묘사한《하퍼
스 위클리》1882년 6월 21일
자 기사.

을 전개했다. 이러한 활동은 1882년 12월, 맨해튼의 가정 및 사무실에 1,000여 개의 전구를 켜는 데 성공하면서 결실을 맺었다.

이렇듯 전기조명 사업에서 에디슨의 활동은 우리가 흔히 '발명가'라는 단어에서 연상하는 전형적 이미지를 훨씬 뛰어 넘는다. 에디슨이 전구의 '최초' 발명가가 아니었음에도 오늘날까지 전구의 발명가로 인정받은 것은 관련된 기술적, 경제적, 정치적, 문화적 문제 모두를 성공적으로 해결해냄으로써 '전기 시스템'을 사회에 도입하는 데 결정적 기여를 했기 때문이다. 이를 통해 발명이라는 것이 단순히 순간적으로 번득이는 영감에 따라 하루아침에 이뤄지는 것이 아님을 알 수 있다.

에디슨의 또 다른 모습: 오만한 기업가로 변모하다

지금까지 살펴본 에디슨의 잘 알려진 일화들에 대한 재해석은 에디슨이라는 인물뿐 아니라 발명과 시장의 관계, 더 나아가 현대의 기술 시스템에 대한 단순화되고 왜곡된 상을 바로잡는 데 도움을 줄 수 있다. 반면 대부분의 사람들이 잘 모르고 있는 에디슨에 관한 일화들, 특히 에디슨이 겪은 '실패'들은 에디슨이라는 인물을 기존과는 다른 맥락에서 조명할 기회를 제공한다.

어렸을 때 읽었던 에디슨 위인전기를 다시 한 번 떠올려보자. 에디슨의 위인전기는 흔히 앞부분 절반이 유년기의 일화, 나머지 절반이 뉴욕과 멘로 파크에서의 발명 활동(특히 축음기와 백열전구)에 할애되어 있고, 이후의 생애에 대해서는 일종의 후일담으로 짧게만 다루고 있다. 이러한 구성은 에디슨이라는 인물에 대한 균형 잡힌 이해를 제 공해준다고 보기 어렵다. 뉴욕에서의 전등 사업에서 성공을 거둬 불후의 명성을 쌓은 1882년에 그는 겨우 35세였고, 그 후에도 50년 가까이 활동을 이어갔다. 그렇다면 멘로 파크 이후는 왜 위인전기에서 '생략' 되었을까? 그에 대한 답변은 간단하다. 멘로 파크 이후에 성공도 거뒀지만 참담한 실패도 여러 차례 겪었기 때문이다. 그를 위인으로 그리고자 했던 전기 작가들은 그의 실패에 당혹감을 느꼈고, '위인'의 모습에 어울리지 않는 내용을 아예 빼는 쪽을 선택했다.

1880년대 이후 에디슨이 겪은 실패들을 살펴보기 전에 알아두어야 할 점이 있다. 이 시기를 거치면서 에디슨이 점점 전과는 '다른 사람'이 되어갔다는 것이다. 그는 1880년대 말로 가면서 점차 자신이 기틀을 세운 전등 사업에 거리를 둔다. (이제 회사에서는 일상적 운영과 관리 그리고 확장에 필요한 금융자본 조달이 주된 문제가 되었다. 에디슨이 경쟁력을 갖춘 새로운 구성요소의 발명과는 점차 멀어지고 있었다.) 에디슨은 전등 사업을 떠난 후 점차 자신을 발명가가 아니라 대기업가로 여기게 된다. 뉴욕에서 다양한 전신 장치들을 만들거나 멘로 파크에서 축음기와 전등을 발명하던 시절의 재기 넘치는 청년 발명가가 아니라, 19세기 말 미국 사회를 주름잡은 대기업가들, 그러니까 '철강왕' 앤드루 카네기나 '석유왕' 존 록펠러 같은 이들과 경쟁하는 인물로 생각하게 된 것이다. 실제로는 그런 엄청난 재력을 갖춘 적이 없었는데도 말이다.

에디슨은 전등 사업을 성공으로 이끌어 제법 큰돈을 벌고 대중의 영웅으로 떠받들어지면서 자신감을 넘어 자만심을 드러내기 시작했다. 때로 전문가들과 언론의 비판과 조롱을 받으면서도 기술 프로젝트를 여러 차례 성공으로 이끌다 보니, 이제 주위에서 뭐라고 하든 별로 신경 쓰지 않는 안하무인의 태도를 보였다. 이에 따라 에디슨은 아직 아무도 지배하고 있지 않은 새로운 기술 분야에서 발명과 모험사업을 추구하기보다는, 이미 잘 확립된 분야에서 대량생산을 통해 비용을 낮추고 경제성을 달성하는 쪽으로 활동의 방향을 바꾸었다. 작고 정밀하고 우아한 장치들을 만들어내는 대신, 야외로 나가 대규모 설비와 공장을 건설하고 거대한 장치들을 설계하고 노동자들을 감독하는 데 몰두하게 된 것이다. 이를 잘 보여주는 사례가 자기 선광(magnetic ore separation) 사업이다. 에디슨은 이 사업에 1890년대의 대부분 시간을 쏟아 부었고, 200만 달러가 넘는 막대한 자금을 투입했다.

에디슨의 대실패들: 자기 선광과 콘크리트 집

우리가 쓰는 철은 어떤 과정을 거쳐 만들어질까? 먼저 광산에서 철과 그 외 다른 광물들이 뒤섞인 철광석을 채굴한다. 이를 제철소로 보내 열을 가해 녹이고 철을 불순물에서 분리해 쇳물을 만든다. 그런데 19세기 말 미국 동부에 위치한 철광산과 제철 산업은 어려움에 직면해 있었다. 식민지 시기부터 사람들이 살았던 이 지역에는 일찍이 18

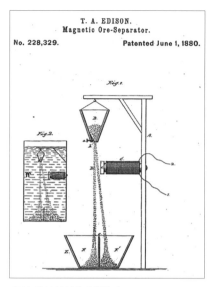

T. A. EDISON.
Magnetic Ore-Separator.

No. 228,329. Patented June 1, 1880.

에디슨이 1880년에 출원한 자
기 선광 특허.

세기부터 산업화가 시작되었고, 이
곳에 위치한 광산들 역시 오랫동안
철광석을 캐내어 이제는 철의 함량
이 높은 고품위 광석이 거의 바닥나
고 저품위 광석만 남게 되었다. 저품
위 광석은 열을 가해 녹여도 얻을 수
있는 철의 양이 너무 적어서 수지가
맞지 않았다. 이에 따라 동부의 제철
산업은 원재료 부족으로 공장을 놀

리거나 애팔래치아 산맥 너머 멀리 오대호 연안에서
채굴한 철광석을 수송해 오는 처지가 되어 채산성이 크게 나빠졌다.

에디슨은 분쇄기와 전자석을 이용해 이 문제를 해결할 수 있다고
생각했다. 얼른 보면 그의 아이디어는 간단해 보인다. 우선 철광석을
컨베이어 벨트에 실어 수송한 후 거대한 롤러 사이에 집어넣고 빻아
서 고운 가루로 만든다. 그다음 가루를 높은 곳에서 떨어뜨리면서 옆
에 전자석을 놓아두면 그중 철가루만 자석에 끌려 떨어지는 궤적이
조금 휘게 된다. 이때 별도의 용기를 옆에 놓아두면 철의 함량이 높아
진 광석 가루를 담을 수 있다. 에디슨은 이런 식으로 동부의 철광산에
남은 저품위 광석을 경제적으로 활용할 수 있다고 보았다.

전등 발명에 몰두하던 1880년에 이런 아이디어를 처음 떠올려 특
허를 냈지만, 전등 사업에 너무 많은 시간과 노력이 들어가면서 당장
빛을 보지는 못했다. 에디슨은 1887년에 이 아이디어를 되살려 제철

업계에서 발행하는 잡지에 자신의 아이디어를 선보였다. 하지만 광산 전문가들의 반응은 부정적이었다. 이 사업이 경제성을 얻으려면 지하에서 채굴한 거대한 (무게가 몇 톤씩 나가기도 하는) 철광석 덩어리를 모래보다 작은 크기로 연속적으로 분쇄하는 설비가 있어야 했지만 당시에 이런 장치는 존재하지 않았다. 하지만 언제나처럼 자신감에 넘쳤던 에디슨은 반대 목소리를 무시했다.

그는 1889년에 탐광 작업을 통해 뉴저지 주 오그덴스버그 인근에서 철광석 매장지를 찾아냈고, 이곳에 자신의 사업 전망을 실현할 광산과 공장의 복합 단지를 건설했다. 공정의 시험 가동은 1891년에 처음 이뤄졌는데, 처음에는 모든 것이 엉망이었다. 분쇄기는 단단한 암석을 부술 만큼 충분히 크고 튼튼하지 못했고, 기계가 망가지면서 튕겨 나간 금속 부품에 맞아 여러 명의 노동자들이 죽거나 다치는 사고가 생겼다. 엎친 데 덮친 격으로 1893년 미국에 불황이 닥치면서 철의 수요가 줄었고 복합 단지는 일시적으로 문을 닫게 되었다. 그런 동안 에디슨은 공정을 개선하고 설비를 개량하는 등 기술적 문제들을 하나씩 해결해 나갔다. 1896년에 복합 단지를 다시 열었지만, 여전히 공장은 잘 굴러가지 못했고 크고 작은 사고도 끊이지 않았다. 결국 모든 문제가 해결되고 공장이 그럭저럭 굴러가기 시작한 때가 1898년 여름이다.

그러나 이때쯤에는 이미 그의 사업에 어두운 그림자가 드리우고 있었다. 에디슨의 철광 사업은 동부의 높은 철 가격을 염두에 두고 시작되었는데, 이 해에 미네소타 주에서 수백 제곱킬로미터의 거대한 노천 철광산이 발견되었다. 이곳에서는 철을 채굴하기 위해 땅을 팔 필요도

오그덴스버그에 건설된 자기
선광 공장(1895).

거대한 광석 분쇄 롤러에 동력
을 공급하는 콜리스 증기기관
의 플라이휠. 오그덴스버그 공
장 설비의 규모를 엿볼 수 있다.

없었고, 그냥 지천에 널린 고품위의 철광석을 주워서 운반하기만 하면 됐다. 결국 경쟁이 못 된다고 판단한 에디슨은 1899년 초 사업 포기 결정을 내렸고, 수십만 달러의 빚을 떠안아야 했다. 에디슨이 틀렸다던 전문가들과 언론의 말이 이번만큼은 옳았던 셈이다.

에디슨은 자기 선광 사업이 실패로 돌아간 후, 여기에 쓰인 거대한 롤러 같은 생산 설비들을 고철로 내다파는 대신 재활용할 수 있는 방안을 찾아야 했다. 이 과정에서 그는 1902년에 포틀랜드 시멘트 사업에 새로 뛰어들었다. 시멘트 제조는 암석을 파쇄해 가루로 만드는 등의 공정이 선광 사업과 비슷해 남은 설비를 그대로 이용할 수 있었기 때문이다. 에디슨 시멘트 공장은 1906년 여름에 가동을 시작했고, 상당히 큰 성공을 거두면서 앞선 사업의 손실을 다소나마 만회할 수 있었다.

그런데 공장 건설 과정에서 에디슨은 시멘트, 물, 모래(혹은 자갈)를 섞어 만든 콘크리트 재료에 관심을 갖게 됐다. 그

는 콘크리트를 거푸집에 부어 다양한 형태로 만들 수

에디슨 포틀랜드 시멘트 회사 전경.

있고 일단 굳고 나면 내구성이 뛰어나다는 점에 주목했고, 이런 성질을 이용한 콘크리트 집을 구상했다. 그가 생각한 콘크리트 집은 벽돌을 쌓아올리고 시멘트를 발라서 만드는 것이 아니라 집

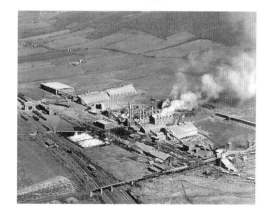

전체의 거푸집을 조립한 다음 위쪽에 뚫린 구멍으로 콘크리트를 부어서 집을 한 번에 만드는 방식이었다. 이렇게 집을 '짓는' 데는 열흘이면 충분했고, 이후 거푸집을 다시 해체해 재조립하면 똑같이 생긴 집을 반복해서 만들 수 있었다. 에디슨은 이런 방식을 통해 도시의 주택 가격을 3분의 1로 낮출 수 있으며, 저렴한 주택을 노동자들에게 공급해 당시 미국의 대도시들을 괴롭히던 도시 빈민가 문제를 해결할 수 있다고 주장했다. 콘크리트 집은 값이 저렴한 것 외에도 화재를 막을 수 있고 해충이 들끓지 않으며 수명이 아주 길고 튼튼하다는 등의 장점이 있었다. 또한 색소를 섞어서 부으면 완성된 집에 굳이 페인트칠을 할 필요도 없었다.

에디슨은 1908년부터 자신의 구상을 실현시키기 위한 활동에 나섰다. 연구소의 동료들이 농담 삼아 '닭장'이라고 불렀던 축소 모형 집을 콘크리트로 만들어 전시하는 한편, 콘크리트라는 재료의 특성을 더 잘 이해하고 개선하기 위한 연구에도 박차를 가했다. 이런 성과에 힘입어 1911년 초에 그의 구상에 따른 실물 크기 콘크리트 집이 처음 완성된다. 에디슨은 돈을 벌기 위해서가 아니라 도시 빈민의 생활 향상이라는 박애적 목표를 위해 콘크리트 집을 개발했다면서, 자신이 직접 사업에 나서진 않겠지만 이를 이용해 주택을 건설하고 보급하려는 사업가들이 있다면 무료로 사용 허가를 내주겠노라고 선언했다.

이 말을 듣고 1917년에 두 명의 사업가가 40채의 콘크리트 집을 지어 분양하는 사업에 나섰다. 그들은 에디슨이 1911년에 만든 거푸집을 그대로 써서 1차로 11채의 집을 지었다. 하지만 도시의 평균 주택

세상을 바꾼 기술, 기술을 만든 사회

가격보다 훨씬 저렴한 1,200달
러로 정했는데도 한 달간 단 한
채도 팔리지 않았다. 실망한 사
업가들은 프로젝트에서 손을
뗐고, 결국 에디슨식 콘크리트
집은 더 이상 만들어지지 않았
다. 돈이 없어 저렴한 주택을 찾
는 도시 노동자라고 해도 단조
롭고 삭막한 내부 구조에 개성

콘크리트를 부어 만든 축소 모
형 집 옆에서 포즈를 취한 에
디슨.

이라고는 찾아볼 수 없고, 빈민들을 위해 지어졌다
며 대놓고 광고하는 집에서 살고 싶어 하지는 않았
던 것이다. 이와 비슷한 맥락에서 콘크리트 주택에
집어넣을 저렴한 콘크리트 가구들(축음기 장식장, 피아노 등)을 보급하
겠다는 에디슨의 계획 역시 구상 단계를 넘어서지 못하고 실패로 돌
아갔다.

결국 근본적으로 좋은 의도에서 출발했던 에디슨의 콘크리트 집 구
상은 집에 대한 대중의 문화적 기대에 어긋나 성공을 거두지 못했다.
이는 한때 시장의 동향을 명민하게 파악해 발명의 아이디어를 얻었던
에디슨의 사고가 사회적 성공과 함께 경직되어 갔음을 보여주는 흥미
로운 사례일 것이다.

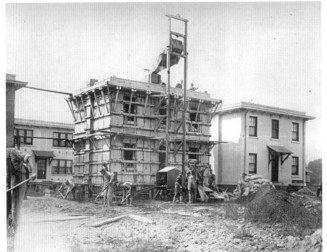

거푸집을 만들고 콘크리트를 부어 집을 짓는 모습(1917). 이 집들 중 10채는 지금도 남아 있으며 사람이 살고 있다.

에디슨이 시범적으로 제작한 콘크리트 축음기 장식장.

에디슨의 '진짜' 생애가 주는 교훈

지금까지 살펴본 에디슨의 '진짜' 모습이 오늘날의 우리에게 주는 교훈은 무엇일까? 먼저 역사적으로 중요한 인물들에 대해 정보를 얻는 주요 통로인 위인전기가 주는 왜곡된 상을 극복할 수 있다는 점을 들어야 할 것이다. 토머스 에디슨, 프레드릭 테일러, 헨리 포드, 스티브 잡스 같은 기술 분야의 위인들은 결코 개인의 천재성에 의지해 자신의 의지 하나로 세상을 바꿔놓은 위인들이 아니다. 에디슨이 전등 사업에서 어떻게 성공을 거두었는지, 또 자기 선광과 콘크리트 집에서 왜 실패했는지는 이를 잘 보여준다.

더 나아가 에디슨에 대한 좀 더 균형 잡힌 서술을 통해 기술은 '사회적 활동'이라는 새삼스러운 깨달음을 얻을 수 있다. 간단히 말해 기술은 동시대 사회 속에서 일어나며 그로부터 영향을 받고 또 영향을 주는 활동이라는 것이다. 아울러 어떤 위인 발명가, 기술자, 엔지니어도 진정으로 '시대를 뛰어넘을' 수는 없으며, 중요한 의미에서 그 시대의 산물이라는 통찰도 여기 덧붙일 수 있다. 이는 발명/혁신 활동에 대한 관념적 상에서 벗어나 더 현실적인 모습을 그려내는 데 도움을 줌으로써 오늘날의 기술혁신에도 일정한 함의를 제공할 수 있을 것이다.

7

테일러주의,
인간을 '시스템'의
일부로 만들다

19세기 초 영국의 직물공업에서는 가내수공업을 대체하는 공장제가 새로운 생산 방식으로 등장했다. 공장에는 수차나 증기기관으로 가동되는 자동 기계들이 가득 들어차 인간의 숙련과 노동을 대신하게 되었다. 이제 노동자들은 자기 집에서 스스로 정한 일정과 속도에 따라 일하는 것이 아니라, 공장에 나가 감독을 받으면서 기계의 리듬에 맞춰 일해야 하는 처지가 되었다. 영국의 평론가이자 역사가인 토머스 칼라일은 1829년에 쓴 「시대의 징후」라는 평론에서 인간이 노동의 주도권을 잃고 마치 공장의 부속품 같은 존재로 변모한 현실을 지적하며 "인간은 손뿐 아니라 머리와 가슴까지 기계화되었다"는 유명한 말을 남겼다.

하지만 산업혁명기에 처음 등장한 이러한 변화가 모든 산업 분야에서 균등하게 전개된 것은 아니다. 대공장이 생겨나고 기계가 대대적으로 도입된 분야가 있었는가 하면, 작업장에서 노동자들이 여전히 상당한 정도의 자율성을 누리던 분야도 19세기 말까지 남아 있었다. 공장제와 노동 규율의 강제가 면공업을 위시한 몇몇 분야에서 분명 영향력을 발휘하긴 했지만, 그러한 성공의 파급 효과는 상당히 들쑥날쑥하게 나타났다. 이러한 상황에서 19세기 말 미국에서는 이후 거의 모든 작업장에 영향을 미치게 되는 생산 및 노동 관리 방식의 중대한 변화가 등장한다. 미국의 기계 엔지니어 프레드릭 윈슬로 테일러(1856~1915)의 이름과 연관돼 있는 테일러주의(Taylorism)의 출현이 그것이다.

프레드릭 윈슬로 테일러.

테일러주의의 배경: 19세기 말 미국 작업장

테일러가 작업장의 노동 방식을 어떻게 바꿔놓으려 했고 왜 그런 생각을 하게 되었는지를 이해하려면 먼저 그가 활동한 시기의 미국 작업장이 어떠한 공간이었는지를 살펴볼 필요가 있다. 테일러가 활동을 시작한 1870~1880년대 미국의 작업장은 계급적 적대감이 충만한 곳이었다. 미국은 넓은 땅덩이에 비해 인구가 적었다. 노동력이 부족해 임금은 상대적으로 높은 편이었지만, 당시 작업장에서는 (대부분 이민자로 구성된) 노동자들과 (식민지 시기부터 정착해 살아온 앵글로색슨) 경영자들 사이의 대립이 점차 커져갔다. 대부분의 작업장들은 정해진 일당이나 급여를 보장해주지 않은 채 생산한 만큼만 임금을 지불하는 도급제(piecework system)로 운영되고 있었다. 노동자들은 이에 맞서 능력보다 일을 적게 하는 태업(soldiering)으로 맞대응했다.

얼른 생각하면 이는 좀 앞뒤가 맞지 않는 것처럼 느껴진다. 작업장들이 노동자들에게 그날그날 생산한 양만큼 개수급(piecerate)을 지불하는 일종의 성과급제를 운영하고 있는데 노동자들이 이에 맞서 '태업'을 하다니, 좀 이상하지 않은가? 시간급이 아닌 성과급제하에서는 노동자들이 태업을 할 것이 아니라 더 열심히 일해서 보수를 더 받으려 애쓰는 것이 일반적이지 않을까? 왜 이런 이율배반적 상황이 나타났을까? 이는 노동자들이 경영자들에게 가진 근본적 불신 때문이었다. 노동자들은 더 열심히 일해서 하루에 더 많은 양을 생산하게 되면 경영자들이 그에 맞춰 급여를 올려줄 거라고 믿지 않았다. 오히려 '지금까지는 더 열심히 일할 수 있었는데도 농땡이를 부린 거였구나' 하며 개수급을 깎아버릴 것이고, 그러면 더 많이 일하고도 급여가 그대로거나 심지어 줄어들 거라는 의구심을 품었던 것이다. 당시 경영자들의 행태에 비춰 보면 이는 상당히 합당한 의구심이었다.

그래서 노동자들은 도급제하에서 더 열심히 일하는 대신 사전에 미리 약속해 정한 비공식적 할당량만큼만 생산하는 것이 보통이었고, 신참 노동자가 들어오면 이러한 '요령'을 전수해 자신들이 실제로는 얼마나 빨리 일할 수 있는지 경영자들에게 알려주지 않으려 했다. 이것이 가능했던 이유 중 하나는 경영자들이 구체적인 노동 과정을 잘 몰랐고, 실제 노동 과정은 기술 지식을 독점한 숙련공들이 장악하고 있었다는 데 있다. 혹여나 분위기 파악을 못 하고 한 푼이라도 더 벌기 위해 다른 사람보다 열심히 일하는 노동자가 있다면, 그 사람은 '돼지처럼 욕심이 많고(hoggish)' '남자답지 못하다(unmanly)'는 비난을 들어야 했다. 동료 노동자들로부터 배척당하고 심하면 집단 폭행의 대상이 되기도 했다.

테일러는 이러한 상황에 문제가 있다고 보았다. 과연 하루에 일을 얼마나 해야 하는지를 놓고 경영자와 노동자가 옥신각신할 필요가 있을까 하는 의문을 품었다. 상식적으로 생각하면 경영진은 될 수 있으면 임금을 적게 주고 일은 더 많이 시키고자 하고, 노동자들은 더 많은 임금을 받으며 일은 더 적게 하려 하기 때문에 갈등이 생길 수밖에 없다. 하지만 테일러는 자신이 경영자와 노동자 그 어느 쪽에도 치우치지 않고서 이른바 '공정한 하루의 일(a fair day's work)'과 '공정한 하루 임금(a fair day's wage)'의 기준을 세울 수 있다고 생각했다. 노동자들이 하루에 얼마만큼 일해야 하고 얼마나 임금을 받아야 하는지를 '과학'의 관점에서 결정할 수 있다고 생각했던 것이다. 테일러는 이러한 '과학적 관리'를 통해 태업을 줄이고 생산 효율을 획기적으로 향상시킬 수 있다고 봤고, 이를 통해 '파이를 키우는' 것이야말로 노사대립의 궁극적 해결책이라고 생각했다. 이는 경영자(더 많은 이윤), 노동자(더 많은 임금), 더 나아가 소비자(효율 상승으로 더 저렴해진 상품 가격)까지도 만족시킬 수 있는 유토피아적 해법으로 이어질 수 있을 터였다.

테일러의 생애와 새로운 시스템의 정초

테일러의 생각은 계급 갈등이 점차 첨예해지고 있던 당시 맥락에서 볼 때 매우 특이했다. 이는 그의 독특한 생애 궤적에서 비롯된 바가 크다. 필라델피아의 부유한 상류층 가정 출신으로, 아버지와 할아버지는 모두 이름난 법률가였고 테일러 역시 당연히 법률가가 될 거라고 기대했다. 그는 하버드 법대에 들어가기 위해 예비 학교에서 공부했고, 대학에 합격해 입학을 앞두고 있었다. 그런데 돌발 변수가 생겼다. 갑자기 건강이 나빠져 오랫동안 책을 들여다봐야 하는 공부를 하기 어려워진 것이다. 주치의가 회복을 위해 몸 쓰는 일을 권했고, 테일러는 상류층 자제로서는 드물게도 철강 회사에 견습 기계공으로 취업해 블루칼라 노동자의 길을 걷게 됐다.

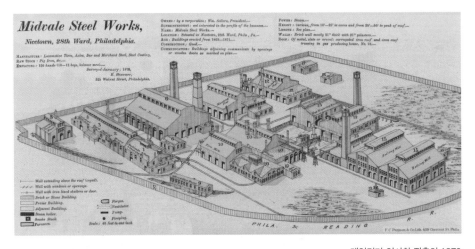

Midvale Steel Works,
Nicetown, 28th Ward, Philadelphia.

테일러가 입사한 직후인 1879년의 미드베일 철강회사 전경.

테일러는 회사에서 아버지의 연줄을 이용해 작업 반장을 거쳐 엔지니어로 고속 승진했고, 재직 중에 스티븐스 공과대학에 다녀 기계공학 학사 학위를 취득하기도 했다. 상류층 인사였던 그는 노동자들과 스스럼없이 어울리면서도 노동자들의 문화를 제대로 이해하지는 못했다. 결국 그가 노동자들의 반감을 자아낸 새로운 노동 방식을 들고 나온 것 역시 그런 무지와 몰이해에 힘입은 바 크다. 그는 견습공 생활을 마치고 1878년에 미드베일 철강회사에 입사해서 작업반장과 엔지니어로 일하기 시작했다.

미드베일의 회장 윌리엄 셀러스는 기업가이자 발명가이기도 한 인물로, 젊은 테일러가 새로운 노동 관리 시스템을 실험할 수 있는 환경을 마련해주었다. 이후 널리 알려진 테일러주의의 핵심 원칙들이 이곳에서 확립되었다.

그렇다면 테일러가 제시한 '과학적 관리'는 어떻게 이뤄지는 것이었을까? 그는 먼저 공장의 작업 과정 전체를 분석해 비효율적 부분을 찾고 개선 방법을 알아내려 했다. 여기서 중요한 점은 그 역할을 노동

테일러 시스템하에서 중앙계획 부서의 벽에 붙은 생산 계획표. 개별 노동자의 일일 업무 상황을 일목요연하게 보야주고 있다.

테일러의 조수들이 노동자들의 단계별 동작을 스톱워치로 측정해 기록한 노트.

자 스스로가 아닌 관리자가 해야 한다는 생각이었다. 예전에는 작업장에 있는 숙련 노동자에게 원자재 구입, 공구 선택, 일정 수립, 작업 수행 등에서 상당한 자율성이 주어졌지만, 이제는 엔지니어와 사무원들로 구성된 회사 중앙의 계획 부서가 노동자들을 대신해 그런 역할을 도맡게 됐다.

이어 노동자들의 개별 직무에 대해 상세한 시간 연구(time study)를 수행해 일을 어떤 방식으로 해야 하는지를 결정했다. 이를 위해 이른바 '효율 전문가'들이 스톱워치를 들고 노동자들이 수행하는 각 직무를 관찰했고, 동작들에 소요되는 시간을 반복 측정해 평균값을 구한후, 불필요하거나 반복적인 동작을 빼고 각 과업에 가장 효율적인 시간과 방법을 결정했다. 이제 노동자들은 작업장에 출근하면 해야 할 일에 대해 대강의 지시만 받는 것이 아니라, 어떤 작업을 어떤 순서로 어떻게 하는지를 아주 상세히 규정한 업무 지시 카드를 받게 됐다. 이러한 업무 지시 카드는 노동자들이 얼마나 빨리 일을 해야 하는가에 대한 새로운 기준으로서의 역할도 담당했다.

마지막으로 이렇게 정의된 새로운 기준을 노동자들이 지키도록 차등화된 개수급이 시행되었다. 예전에는 생산한 제품 하나당 얼마, 이런 식으로 개수급을 받았다면 이제는 하루에 생산해야 하는 최저 생산량이 기준으로 미리 정해졌다. 미달하면 훨씬 더 열악한 급여를 받게 된 것이다. 실제로 테일러가 시행한 구체적 사례를 들어보면 이해가 쉽다. 한 사례에서 기계공들은 개당 50센트의 보수를 받으며 하루에 4~5개의 제품을 생산했는데, 테일러는 이 작업에 대한 시간 연구공작기계를 써서 일정한 규격의 롤러를 생산하는 노동자에게 주어진 업무 지시 카드. 생산할 제품의 규격, 생산하는 데 필요한 단계별 동작 설명과 함께 각 동작에 소요되는 시간이 1/100분 단위까지 지시돼 있다.

를 통해 의도적 태업을 하지 않는다면 하루에 적어도 10개의 제품을 생산해야 한다는 새로운 기준을 정했다. 그는 이러한 기준을 강제하기 위해 하루에 10개 이상 생산할 때는 개당 35센트, 10개 미만으로 생산할 때는 개당 25센트라는 차등적 개수급을 제시했다.

이전과 비교해보자면, 예전에 기계공들은 하루에 2달러에서 2.5달러의 일당을 받았던 반면, 새로운 제도하에서는 테일러의 기준(10개)을 충족시킬 경우 3.5달러로 인상된 일당을 받을 수 있었다. 반면 이 기준에 미달해 9개를 생산하는 경우 예전보다 두 배 가까운 양을 만들고도 일당은 2.25달러로 사실상 제자리걸음을 하게 됐다. 만약 새로운 기준을 무시하고 예전 생산량을 고수한다면 일당이 1달러에서 1.25달러로 반 토막 나고 말았다. 테일러는 기준을 충족시키지 못하는 노동자는 해당 직종의 효율 기준에 맞지 않으므로 아예 그 일에 종사해서는 안 된다고 생각했다.

이러한 테일러의 새로운 노동 관리 방식 밑에는 노동자들에 대한 근본적 불신이 깔려 있었다. 그는 노동자 스스로가 일을 더 빨리 효율적으로 할 수 있는 방법을 창의적으로 고안해낼 만한 유인(誘因)도 없고 그럴 능력도 없다고 믿었다. 그래서 그 역할을 엔지니어와 관리자가 대신해야 한다고 생각했다. 테일러는 주어진 일을 하는 '단 하나의 최선의 방식(one best way)'이 존재하며, 이는 '과학'의 편에 선 관리자만이 알아낼 수 있다고 보았다. 이제 노동자들은 업무 지시 카드를 정확히 따라서 일해야 했고, 속도나 기준을 충족시키지 못할 경우 차등화된 개수급 제도를 통해 과거보다 깎인 보수를 받아야 했다.

테일러주의의 실제 적용 사례

테일러의 새로운 노동 관리 방식이 현실에 적용된 실제 사례들은 그가 1911년에 발표한 『과학적 관리의 원칙』이라는 유명한 책에 소상히 소개돼 있다. 테일러가 스스로 선전했던 '성공 사례' 중 가장 유명한 것은 아무래도 1898년 테일러가 베들레헴 철강회사에서 컨설팅 엔지니어로 일하던 시기에 감독했던 선철 운반 작업일 것이다. 당시 베들레헴 철강회사의 야적장에는 몇 년 전 경제 불황이었을 때 팔리지 않고 재고로 남은 선철(무쇠) 덩어리가 산더미처럼 쌓여 있었다. 노동자들은 무게가 40킬로그램쯤 나가는 선철 덩어리를 하나씩 들고 걸어가 인근의 철로 위에 있는 무개화차에 부려놓는 작업을 하고 있었다. 이는 거의 아무런 숙련도 요구되지 않는 그야말로 단순한 작업이었지만, 이 작업의 감독을 맡게 된 테일러는 이곳에서도 개선의 여지가 있다고 생각했다.

그는 칼 바스라는 엔지니어에게 노동자들이 하는 일에 대한 시간 연구를 지시했고, 노동자들이 선철 덩어리를 집어 들고, 걷고, 화차에 부리고, 빈손으로 돌아오는 각 동작을 세밀하게 분석했다. 당시 노동자 한 사람은 1.15달러의 일당을 받고 하루 평균 12.5톤의 선철을 운반했는데, 테일러는 노동자들의 작업을 분석한 후 '일류의 선철 운반자(first-class pig-iron handler)'라면 하루에 47톤의 선철을 운반해야 한다고 결론 내렸다. 이것이야말로 '공정한 하루의 일'이라는 얘기였다.

하지만 이를 노동자들에게 강제하는 것은 쉽지 않았다. 어느 날 갑

The Principles of Scientific Management

BY

FREDERICK WINSLOW TAYLOR, M.E., Sc.D.

PAST PRESIDENT OF THE AMERICAN SOCIETY OF
MECHANICAL ENGINEERS

HARPER & BROTHERS PUBLISHERS
NEW YORK AND LONDON
1919

테일러의 저서『과학적 관리의
원칙』의 표지.

야적장에 쌓인 선철 더미를 운
반하는 노동자들.

자기 지금까지 하던 일의 4배만큼 일하라고 요구하면 노동자들이 반발할 것은 당연지사였다. 그래서 테일러는 한 번에 한 사람씩 설득해 좀 더 많은 일당을 주면서 정해진 대로 일을 시키는 방식으로 새로운 노동 방식을 관철시키려 했다. 그는 노동자들을 면밀히 관찰해 그중에서 특히 일을 잘 하면서도 '돈을 밝힐' 것처럼 보이는 헨리 놀이라는 노동자를 골라냈고, 그에게 시키는 대로 일한다는 조건으로 1.85달러의 일당을 약속했다. 놀은 다음 날부터 감독자가 지시를 내리는 대로 하루 종일 선철을 들고 걸으라면 걷고 쉬라면 쉬는 식으로 일했고, 결국 하루에 47톤의 선철을 나르고 60퍼센트 인상된 1.85달러의 일당을 받았다. 그는 이런 속도로 3년 동안 일했고, 얼마 안 가 동료 노동자들도 하나둘 같은 속도로 일하고 인상된 일당을 받게 됐다.

　테일러가 내세웠던 또 다른 성공 사례로는 일명 '삽질의 과학 (science of shoveling)'이 있다. 테일러가 1912년 의회 청문회에 출석했을 때 자세히 설명해 화제가 되었던 이 사례 역시 베들레헴 철강회사에서 있었던 일화이다. 그는 베들레헴에서 삽질을 하는 노동자들이 각자 자신의 삽을 가지고 있고, 어떤 직무에 대해서도—가벼운 미립탄 (입자가 작은 석탄의 일종)을 풀 때나, 무겁고 덩어리가 큰 철광석을 풀 때나—동일한 삽을 사용한다는 사실을 알게 되었다. 그러다 보니 노동자들이 한 번 삽질에 푸는 양 또한 제각각이었다. 테일러는 삽 작업을 '과학화'하기 위해 노동자들이 삽질을 하는 동작을 면밀히 분석했고, 한 번에 대략 21파운드(9.5킬로그램)를 풀 때 가장 힘이 덜 들고 작업을 신속히 할 수 있다는 사실을 알아냈다.

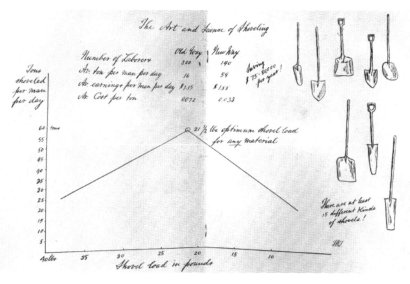

삽질에 대해 분석한 테일러의 노트. 한 번 삽질하는 양이 21파운드일 때 하루에 삽질하는 총량이 가장 많아짐을 그래프로 보여주고 있으며, 오른쪽에는 여러 가지 자재를 21파운드씩 풀 수 있도록 디자인된 다양한 삽들의 아이디어가 그려져 있다.

테일러의 주장에 따라 한 번에 21파운드를 풀 수 있는 삽을 노동자들에게 제공할 것을 독려하는 삽 회사의 광고.

그런데 자재에 따라 한 번의 삽질에 담기는 양이 달랐기 때문에(가령 모래를 푸면 높게 솟아오른 봉우리 같은 모양으로 풀 수 있지만, 작고 매끄러운 자갈을 푸면 주르르 흘러내려 얕은 둔덕 같은 모양으로밖에 못 풀 테니까), 그는 재료에 따라 쓸 수 있는 15가지의 삽을 디자인해 노동자들이 사용하게 했다. 각각의 삽은 삽대가리 부분이나 손잡이 부분의 생김새가 그것이 푸는 재료에 따라 다르게 만들어졌다. 이제 삽 작업을 하는 노동자들은 자신의 삽으로 모든 작업을 하는 대신, 매일매일 업무 카드에서 지시하는 대로 창고에서 작업 도구를 가져와 정해진 장소에서 일하게 되었다.

테일러주의에 대한 비판 (1): 테일러주의는 '과학'인가?

그러나 이러한 테일러의 '성공 사례'들에서 볼 수 있는 새로운 관리 방식이 당시 사람들에게 곧장 받아들여진 것은 아니다. 테일러의 관리 방식을 도입하려 시도한 대부분의 작업장들에서는 격심한 분규와 대립이 빚어졌고, 그가 컨설팅 엔지니어로 고용돼 새로운 관리 방식을 실험한 베들레헴 철강회사에서는 노동자들의 반발로 1901년 회사 최고경영자가 테일러를 즉석에서 해고하는 일도 있었다. 그 결과 테일러가 생존해 있던 시절에 이러한 관리 방식이 비교적 순탄하게 도입된 곳은 몇 군데 되지 않았다.

당시 테일러에게 가해졌던 주된 비판은 크게 두 가지였다. 첫째 비판은 그가 자신의 접근법을 '과학'이라고 불렀다는 점에 집중되었다. 테일러는 자신이 제시한 '공정한 하루의 일'과 '공정한 하루 임금'의 기준이 오직 '과학적 분석'에 입각해 도출된 것임을 강조했다. 이는 경영자나 노동자 어느 한쪽의 처지를 대변한 것도 아니고, 이 둘 사이에서 정치적으로 절충해 만들어진 것도 아니라는 의미였다.

하지만 테일러의 주장은 곧장 반발에 부딪쳤다. 테일러의 기본 입장은 노동자들의 '태업'으로 인한 낮은 생산성이 문제의 근원이며, 이를 제거함으로써 경영진과 노동자 모두가 이득을 볼 수 있다는 것이었다. 이 문제를 해결하기 위해 그는 '일류 작업자'가 하는 일에 대한 시간 연구를 통해 매 작업에 소요되어야 하는 시간을 결정했고, 이에 근거해 노동자들이 하루에 해야 하는 일의 양을 제시했다. 여기서 테일러는 노동자들이 가능한 한 빨리, 효율적으로 일을 하되 그런 작업이 단기간에만 가능한 것이어서는 안 된다는 기준을 설정했다. 다시 말해 노동자들이 며칠 정도 일하고 나서 과로로 몸져눕거나 출근을 못할 정도가 되어서는 안 된다는 것이었다. 테일러는 노동자들이 빨리, 효율적으로 일하면서도 그런 일을 매일 정해진 시간 동안, 여러 해에 걸쳐 반복해 할 수 있도록 하는 최대치를 '공정한 하루의 일'의 기준으로 삼았다.

그러나 이에 대해 비판자들은 왜 노동자들의 몸이 견뎌낼 수 있는 생리학적 최대치가 '공정한 하루의 일'의 기준이 되어야 하는지, 왜 그것이 '과학'의 이름으로 정당화되어야 하는지를 따져 물었다. 몸이 축

세상을 바꾼 기술, 기술을 만든 사회

나지 않는 한도 내에서 최대한 고되게 일하는 것은 '과학적'이고 도중에 쉬엄쉬엄 일하는 것은 '비과학적'이라는 근거는 어디에서 나왔을까? 비판자들은 이 점을 지적하며 테일러주의는 경영자의 편에 서서 과학을 빙자해 노동자를 착취하는 수단에 불과하다고 목소리를 높였다.

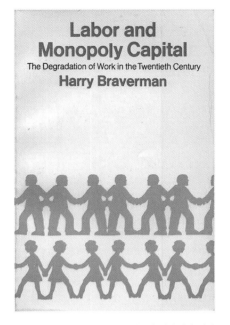

노동과정론의 입장에서 테일러주의를 비판한 해리 브레이버맨의 책 『노동과 독점자본』(1974)의 표지.

테일러가 제시한 '공정한 하루 임금'에 대해서도 마찬가지의 비판이 제기됐다. 가령 앞서 살펴본 선철 운반 작업의 사례에서 헨리 놀은 이전에 나르던 양의 380퍼센트에 해당하는 선철을 나르고 대략 60퍼센트 정도 인상된 임금을 받았다. 테일러는 이것이 '공정한 하루 임금'이라고 보았다. 하지만 이에 대해 자연스럽게 의문을 품을 수 있다. 일을 예전보다 4배 더 하는데 임금은 1.6배만 받는 것이 어떻게 '공정'한 것일까? 이에 대해 테일러는 『과학적 관리의 원칙』에서 이렇게 답했다.

즉 이 정도의 능력을 갖춘 작업자에게 과학적 방법으로 결정된 목표업무량이 부과되고, 이 목표업무량이 작업자들로서는 보통 이상의 노력을 들여야만 달성 가능한 업무량에 해당되고, 이러한 초과노력에 대한 대가로 그들이 60퍼센트 더 인상된 임금을 받을 때, 그들은 검소하고 또한 모든 면에서 더 나은 사람이 된다. 즉 그들은 더 잘 살게 되고 저축하기 시작하고 술을 덜 마시고 더 꾸준히 일한다. 반면에 60퍼센트를 상회하여 임금이 인상될 경우, 그들 대부분은 불규칙적으로 일하게 되고 다소 게을러지고 사치스럽고 그리고 방탕하게 된다. 즉 우리의 실험은 대부분의 사람들에게 있어 너무 빨리 부자가 되는 것은 좋지 않다는 것을 보여 주었던 것이다.[*]

요컨대 생산성 증가에 맞춰 임금을 너무 많이 인상할 경우에는 노동자들이 나태해지고 일을 불규칙하게 하게 되니, 노동자들이 검소해지고 열심히 일할 수 있도록 60퍼센트 정도만 인상하는 것이 '적당하다'는 경험적 결론인 셈이다. 이러한 주장이 도덕적, 윤리적으로 온당한 것인지에 대해서는 아마 다양한 이견이 제기될 수 있을 터이다. 하지만 그런 점을 접어 둔다 하더라도, 과연 이러한 판단 기준을 '과학적' 근거에 따른 '공정한' 기준이라고 할 수 있을까?

그래서인지 자신의 새로운 노동 관리 방법을 '과학'이라고 칭했던 테일러의 주장은 이미 그가 살아 있던 당시에 설득력을 잃었다. 스톱워치를 이용한 작업 시간 측정이나 세분화된 동작 분석만 보면 대단히 '과학적'인 것처럼 보이지만, 작업 기준을 설정할 때는 그러한 외피 속에 숨겨진 주관적 판단에 의존할 수밖에 없기 때문이다. 일례로 1912년에 테일러는 자신이 회장을 지낸 적이 있던 미국기계엔지니어

[*]   F. W. 테일러, 『과학적 관리의 원칙』(박영사, 1994), 76쪽.

협회(American Society of Mechanical Engineers)에 테일러주의의 과학적 근거를 공식적으로 평가해줄 것을 요청했지만, 협회의 보고서는 이를 승인하지 않았다. 이 보고서는 테일러가 사용한 '일류 작업자'와 같은 용어의 엄밀성이 떨어지고, 노동자들의 작업 시간을 정할 때는 상당한 정도의 시간 여유를 두어야 한다며, 테일러주의를 '과학'으로 보는 것은 부적절하다고 못을 박았다.

테일러주의에 대한 비판 (2):
노동의 자율성 제거와 노동자들의 반발

테일러주의에 가해진 둘째 비판은 테일러의 관리 방식이 노동자들의 신체적 자율성을 크게 제약한다는 점에 맞춰졌다. 즉 노동자들이 자신의 몸을 스스로 원하는 방식대로 움직이며 일하는 것을 원천적으로 봉쇄한다는 것이다. 과거에 노동자들, 그중에서도 특히 숙련 노동자들은 자신이 하는 일에 정통했고 이에 자부심을 가졌다. 그들은 스스로 계획한 일정에 따라 일을 해나갔고, 자신들만이 가진 숙련과 지식을 뽐냈으며, 때로는 이를 고용주에게 맞서는 무기로 활용하기도 했다.

반면 테일러는 노동의 '과학화'를 위해 숙련과 지식이 위치하는 장소를 노동자로부터 관리자에게로 이전시키고자 했다. 테일러주의하에서 노동자는 작업 현장에서 더 이상 '생각할' 필요가 없었고, 그저 과학적 관리 전문가가 지시하는 대로 정확히 일하는 것만이 미덕으로 여겨졌다. 노동의 '구상'(머리)과 '실행'(손)이 분리되어 노동자에게는 손으로 하는 '실행'의 기능만이 맡겨지게 된 것이다. 이는 곧 노동자들이 공장이라는 거대한 기계 내지 시스템에서 하나의 부속품과 같은 역할을 맡게 됨을 의미했다. 당연히 노동자들은 이러한 자율성의 상실을 달가워하지 않았고, 효율 증가에 따른 임금 상승도 이러한 상실을 늘 보상해주지는 못했다. 미국노동총연맹(American Federation of Labor)을 창설한 미국 노동운동의 지도자 새뮤얼 곰퍼스는 테일러주의를 통렬히 비판한 글에서 이 점을 지적했다.

결국 당신, 즉 임금노동자 일반은 단순한 기계로 전락한다―물론 여기서의 기계는 산업적으로 고려된 기계이다. 그러면 당신이 표준화되어서는 안 될 이유가 무엇이며, 당신의 동작-힘이 속도를 포함한 모든 측면에서 가능한 한 최고로 완벽한 정도까지 끌어올려져서

테일러주의를 풍자한 만평. 테일러 시스템하에서의 '최신' 기계공은 몸에 상태를 표시하는 다이얼이 붙어 있고 정해진 과업을 동시에 해내기 위해 팔이 쭉쭉 늘어나는 모습으로 묘사돼 있다.

는 안 될 이유가 무엇인가? 한 대의 기계로서 당신의 치수를 나타내는 길이, 폭, 두께뿐만 아니라 당신의 경도(硬度), 전성(展性), 순종성 및 일반적 유용성이 확인되고, 기록되며, 또 고용주가 원하는 대로 사용될 수 있다. 과학은 당신이 폐물 더미로 던져지기 전에 당신으로부터 최대한 많은 것을 쥐어짜 낼 것이다.*

이러한 비판을 염두에 둔다면, 당대의 노동자들이 테일러의 새로운 노동 관리 방식을 싫어했고, 때로 이에 격렬히 저항했다는 사실은 그리 놀랍지 않다. 테일러의 노동 관리 방식이 성공을 거둔 작업장도 많이 있었지만, 반대로 노동자들의 저항 때문에 실패를 맛본 곳도 적지 않았다. 1911년 여름에 매사추세츠 주의 워터타운 병기창(Watertown Arsenal)에서 있었던 사건은 테일러주의의 대표적 실패 사례로 손꼽힌다. 워터타운 병기창은 미국 연방정부 산하의 무기 공장이었는데, 당시 병기창 관리자들은 막 유명세를 타기 시작한 테일러의 관리 방식을 병기창에 적용해 비용을 절감하려고 했다. 이에 따라 테일러의 천거로 칼 바스가 책임을 맡아 병기창 노동자들의 작업에 대한 시간 연구를 시작했다.

노동자들은 이런 조치에 불만을 품었고, 관리자들 몰래 스톱워치를 이용한 시간 연구를 자체적으로 해보았다. 이로부터 그들은 과학적 관리 전문가가 해당 작업을 제대로 이해하지 못한 채 비현실적 노동 강

* 토머스 휴즈, 『현대 미국의 기원 1』(나남, 2017), 341쪽.

테일러의 시간 연구에 반발해 파업을 벌이기 몇 년 전의 워터 타운 병기창 노동자들.

도 증가를 강요하고 있다는 결론을 내렸다. 노동자들은 병기창의 부대장에게 시간 연구 중단을 요구했고 거절당하자 파업에 돌입했다. 이 사건은 미 의회의 관심을 끌게 되었고, 의원들의 중재로 파업은 일주일 만에 종식되었다. 이후 의회는 정부 시설에 대한 테일러주의의 도입을 주제로 청문회를 열었고(테일러가 출석해 '삽질의 과학'에 대해 설명한 바로 그 청문회이다), 1914년에 정부 청부계약에서는 시간 연구나 이와 연관된 성과급제를 도입해서는 안 된다는 법안을 통과시켰다. 적어도 미국 정부 시설에서는 테일러주의가 일시적으로나마 패배를 맛본 셈이다.

세상을 바꾼 기술, 기술을 만든 사회

테일러주의의 확산과 변형

이러한 논란들에도 불구하고 테일러주의는 20세기 초부터 공장뿐 아니라 학교, 병원, 교도소, 서비스업 등 사회의 다양한 분야들로 확산되었고, 제1차 세계대전 이후에는 독일, 소련 등 해외로까지 영향력을 넓혔다. 테일러주의의 도입을 추구했던 이들은 새로운 관리 방식을 통한 효율 향상으로 다양한 산업적 문제와 국가적 과제를 해결할 수 있으리라 기대했다. 그러나 테일러가 맨 처음 틀을 제시했던 테일러주의가 원형 그대로 수용되었던 것은 아니다. 테일러의 '후계자'들은 그가 제창한 원칙들을 받아들이면서도 이에 대해 다양한 수정과 변형을 가했다.

벽돌공 출신에서 과학적 관리 전문가로 변신한 프랭크 길브레스는 영화 카메라를 이용한 동작 연구(motion study)를 통해 테일러의 시간 연구를 보완했다(나중에는 이 둘을 합쳐 '시간-동작 연구'로 부르게 됐다). 상류층 출신이던 테일러와 달리 그는 노동자들의 애로사항을 잘 알았고, 생산 현장에서 시간을 절약하는 것만큼이나 노동자의 피로를 줄이는 데도 신경을 썼다. 프랭크 길브레스의 부인 릴리언 길브레스 역시 과학적 관리 전문가로 브라운대학에서 심리학 박사 학위를 받은 여성 엔지니어였는데, 그녀는 가정에 과학적 관리 기법을 도입하는 데 앞장섰고, 특히 주방의 물리적 배치에서 효율성을 높여 주부의 피로를 줄이는 데 관심을 기울였다.

테일러의 친구이자 동료였던 엔지니어 헨리 간트는 생산성이 떨어

테일러 시스템의 도입을 통해 노동과 시간을 절약할 것을 촉구하는 바이마르 독일 시기의 선전 포스터.

영화 카메라를 이용해 사무 노동자의 작업을 분석한 프랭크 길브레스의 동작 연구.

지는 노동자에게 최소한의 생계도
제공하지 않는 테일러의 차등적 성
과급 제도가 지나치게 가혹하다고
보고 이를 기본급 더하기 상여금(보
너스)의 형태로 수정했다. 설사 정
해진 기준을 충족시키지 못하더라
도 일정한 기본급은 보장하는 방식
으로, 오늘날 우리가 알고 있는 성
과급과 비슷한 형태이다. 또한 엘턴 메이요 같은 사회
과학자들은 노동자들의 심리적 태도 개선이 업무 성

1984년에 미국 우정청이 '위
대한 미국인' 시리즈 중 하나로
발행한 릴리언 길브레스 기념
우표.

과 향상으로 연결된다는 일명 '호손 효과(Hawthorne effect)'를 밝혀내
기존의 테일러주의에 빠져 있던 심리적 요인들을 보완했다. 결국 테일
러주의가 오늘날의 사회 조직에 엄청난 영향을 미친 것은 사실이지만,
이는 당대의 숱한 논쟁과 반발, 그리고 이에 따른 변형을 거치면서 그
렇게 된 것임을 기억해야 한다.

8

포드주의,
대량생산-소비 사회가
도래하다

1936년에 미국의 희극배우이자 영화감독인 찰리 채플린은 자신의 최고 걸작으로 손꼽히는 〈모던 타임스〉를 발표했다. 대단히 야심적인 제목을 가진 이 영화에서 채플린이 '현대'의 상징으로 제시한 것은 바로 공장의 벨트 컨베이어(belt conveyor)였다. 이 영화에서 가장 인상적인 시퀀스인 첫 15분은 채플린이 연기하는 노동자가 공장에서 일하는 모습을 담고 있다. 채플린은 양손에 쥔 스패너로 컨베이어에 실려 오는 부품에 붙은 나사를 조이는 일을 하는데, 나중에 컨베이어의 속도가 빨라져 제때 작업을 해나가지 못하자 그만 신경쇠약에 걸리고 만다. 채플린이 미처 작업하지 못한 부품을 쫓아 기계 속으로 뛰어드는 모습은 가장 인상적인 명장면 중 하나로 꼽히곤 한다.

　　그보다 4년 전인 1932년에는 영국의 소설가이자 사회비평가인 올더스 헉슬리가 디스토피아 소설 『멋진 신세계』를 출간했다. 남녀 간의 사랑과 생식이 분리되어 공장에서 아기를 사실상 찍어내다시피 하게 된 미래 사회를 배경으로 한다. 공장에서는 수정란이 실린 병이 영양물질과 산소를 공급받으며 아홉 달 동안 벨트 컨베이어 위를 움직인 후에 아기로 '태어난다.' 이 과정에서 사회가 필요로 하는 인력과 계급 구조에 맞게 다양한 조작을 가한다. 흥미로운 대목은 이 소설에 묘사되는 사회가 헨리 포드를 마치 신과 같은 존재로 숭배하는 것처럼 보인다는 점이다. 이 사회에서는 서력기원(AD) 대신 포드력(After Ford, AF)을 쓰고, 사람들은 '이런 세상에!' 같은 감탄사를 내뱉을 때 'Oh my Lord' 대신 'Oh my Ford'라는 표현을 쓴다.

　　거의 같은 시기에 발표되어 20세기의 대표적인 대중문화 텍스트가 된

1923년 포드 자동차 공장을 방문해 헨리 포드(오른쪽), 아들 엣젤 포드(왼쪽)와 함께 기념 사진을 찍은 채플린. 이때의 경험은 채플린이 10여 년 후 〈모던 타임스〉를 제작하는 데 영감을 주었다.

두 작품은 얼른 보면 주제나 배경에서 별로 비슷한 부분이 없는 것 같지만, 실은 대단히 중요한 공통점을 가지고 있다. 바로 미국의 기업가 헨리 포드(1863~1947)가 자신의 자동차 회사에 실현시킨 대량생산 방식—포드주의—에서 작품의 모티브를 끌어왔다는 것이다. 채플린과 헉슬리는 포드의 자동차 공장에 '현대'를 관통하는 원리가 내포돼 있다고 보았고, 이러한 착상에 근거해 시대정신을 담아낸 영화와 소설을 써냈다. 그렇다면 두 사람에게 영감을 준 포드의 대량생산 방식은 언제, 어떤 맥락에서 등장했고, 그것이 오늘날의 세계에 미친 영향은 무엇일까? 현대적 자동차의 등장에서 포드주의적 생산 방식의 도입에 이르는 과정을 추적하며 이 질문에 답해보도록 하자.

자동차의 발명과 현대적 형태의 등장

헨리 포드가 자동차 생산에서 일으킨 혁명적 변화가 어떤 것이었는지 이해하려면 먼저 20세기 초 자동차산업의 상황을 이해할 필요가 있다. 잘 알려진 것처럼, 오늘날 우리가 몰고 다니는 가솔린 자동차는 19세기 말에 미국이 아니라 유럽에서 처음 발명됐다. 1876년에 독일의 발명가 니콜라우스 오토는 4행정 내연기관을 발명했고, 1880년대 들어서는 독일의 사업가이자 엔지니어인 카를 벤츠, 고틀리프 다임러, 빌헬름 마이바흐 등이 내연기관을 이용한 자동차를 처음 개발했다. 이어 벤츠와 다임러는 각각 회사를 설립해 자신이 설계, 생산한 자동차를 상업적으로 판매하기 시작했다.

이러한 초창기 자동차들은 그 외양이 요즘의 자동차보다 마차를 닮았다. 바퀴가 마차나 자전거 바퀴처럼 컸고, 차체는 높았으며, 기다

흡입 - 압축 - 폭발-배기의 4가지 단계를 거치며 실린더 내에서 가솔린이 폭발할 때 회전운동의 동력을 얻는 4행정 내연기관의 작동 원리.

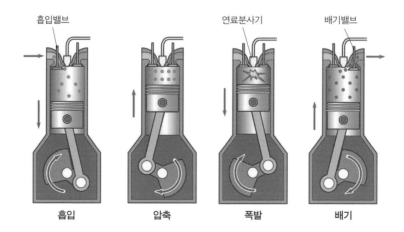

| 흡입 | 압축 | 폭발 | 배기 |

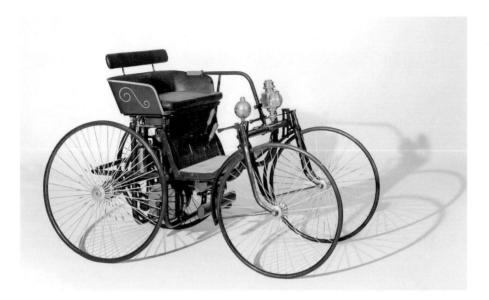

다임러 사가 1889년에 내놓은
초기 자동차 모델. 생김새가 마
차와 거의 흡사하다.

1901년에 처음 선을 보인 다
임러 사의 메르세데스. '현대적
자동차'의 원형으로 흔히 손꼽
힌다.

란 레버를 써서 조향했고, 사람이 타는 안장 밑에 위치한 엔진은 출력이 약해서 두 명이 타는 것이 고작이었다. 그래서 당시 사람들은 이런 자동차를 두고 '말 없는 마차(horseless carriage)'라고 부르곤 했다.

이와 같은 디자인에서 벗어나 오늘날의 자동차와 유사한 방향으로 변모한 때가 1901년이다. 자동차에 열광했던 부자이면서 다임러 사의 이사회 임원이기도 했던 에밀 엘리네크가 마이바흐에게 새로운 설계안을 제시했고, 마이바흐가 이에 근거해 메르세데스(Mercédès)라는 혁신적 자동차를 만들어낸 것이다. 메르세데스는 엔진 출력을 높이고 승차감을 향상시킨 4기통 엔진을 자동차 앞쪽에 달았다. 그리고 벌집 모양의 라디에이터를 전면에 위치시켰으며, 동그란 운전대, 개량된 변속 장치, 강철 차체를 갖추었고, 내부도 네 명이 넉넉히 탈 수 있을 만큼 컸다. 역사가들은 이 점을 들어 메르세데스를 최초의 '현대적' 자동차라고 일컫는다.

유럽에서 자동차가 발명되고 확산되는 동안 미국에서도 서서히 자동차 붐이 일기 시작했다. 유럽산 자동차를 수입해 판매하는 상인들이 나타났고, 1893년 두리에이 형제는 미국에서 처음으로 가솔린 자동차를 만들었다. 뒤이어 원시적인 형태나마 자동차산업을 이룬다고 할 만한 회사들이 등장했다. 이러한 회사들은 그리 크지 않은 작업장에 여러 명의 숙련 기술자들(기계공, 목수 등)을 고용했고 외부에서 구입한 여러 부품들을—엔진은 유럽에서, 차체는 마차 장인에게서, 바퀴는 자전거포에서 사들이는 식으로—조립해 차를 만드는 일을 했다. 1899년 미국에는 이런 회사가 30여 곳 정도 있었고, 1년에 생산하는 자동

두리예이 형제가 만든 미국 최
초의 가솔린 자동차.

차 대수는 총 2,500대 정도 됐다. 당시 대부분의 회사
가 대단히 영세한 규모였음을 알 수 있다.

그러다 20세기 초 유럽에서 메르세데스 같은 신형 자동차가 수입
되면서 미국에서도 고급차에 대한 수요가 생겼다. 하지만 대중화되는
데는 몇 가지 중요한 난관이 있었다. 우선 4기통 엔진을 갖춘 일명 '프
랑스 스타일'의 자동차는 수천 달러 정도로 대단히 비쌌다. 그래서 이
런 자동차는 일상적인 교통수단이라기보다는 돈 많은 부자들이 모험
과 스릴을 즐기기 위해 몰고 다니는 레크리에이션 수단에 가까웠다.

뿐만 아니라 '프랑스 스타일'의 자동차는 당시 미국의 도로 사정과
맞지 않았다. 도로가 비교적 잘 포장돼 있어 주행이 용이했던 유럽의
여러 나라들과 달리, 땅덩이가 큰 미국의 20세기 초 도로 사정은 그야
말로 형편없었다. 미국 전체의 도로 포장률은 8퍼센트에 불과했고, 대

도시를 조금만 벗어나도 날씨에 따라 흙먼지와 진창 사이를 오가는 시골길이 대부분이었다. 그래서 바퀴가 작고 차체가 낮은 메르세데스 같은 자동차는 공기역학적으로 우수하긴 했지만 울퉁불퉁한 미국의 도로에는 적합하지 않았다. 이런 난관을 뚫고 '미국화'된 대중적 자동차를 들고 나온 인물이 헨리 포드이다.

헨리 포드와 모델 T의 개발

포드는 기술 분야의 '위인'들 가운데는 대기만성형의 인물에 속한다. 포드가 숭배했고 개인적으로도 친했던 에디슨의 경우 20대 초부터 발명가로서 두각을 나타냈던 반면, 포드는 30대 중반까지 디트로이트 에디슨 전기조명 회사에서 평범한 엔지니어로 일했다. 그러다 1896년 자기 집 헛간에서 취미 삼아 완성한 4륜차(Quadricycle)가 대중적 주목을 받으면서 그의 인생이 완전히 바뀐다. 그는 아까운 재능을 썩히지 말고 자동차 회사를 차리라는 주위의 독려에 힘입어 1899년 에디슨 회사를 그만두고 자동차 사업에 뛰어들었다. 처음 두 번의 회사 설립 시도는 실패로 돌아갔지만, 1903년에 설립한 포드 자동차 회사(Ford Motor Company)는 성공을 거두어 자동차 업계의 신생 회사로 자리를 잡았다.

초기에 포드 사는 당시 미국에 있던 수많은 영세 자동차 회사들과 크게 다르지 않았다. 커다란 창고 같은 작업장에서 수십 명의 숙련 직

혼자 힘으로 만들어낸 사륜차
와 함께 포즈를 취한 포드.

1906년에 모델 N(위)과 모델
K(아래)를 함께 내세운 포드
사의 광고.

공들이 자동차를 조립해 판매하는 방식이었다. 포드는 디자인, 가격, 성능이 천차만별인 여러 종류의 자동차를 만들어 팔았고, 여기에 알파벳순으로 이름을 붙였다. 가령 모델 K는 메르세데스를 빼닮은 유럽풍의 여행용 차(touring car)로 가격이 3,000달러나 나갔지만, 모델 N은 차체가 높은 2인승 소형차(runabout)로 600달러면 살 수 있었다. 그러나 이처럼 여러 모델을 만들면서도 포드는 자신이 자동차 사업을 시작할 때 품었던 꿈을 잃지 않았다. 바로 '대중을 위한 자동차(car for the great multitude)'를 만들겠다는 것이었다.

포드는 1907년부터 휘하 기술자들과 함께 시도에 나섰고, 이듬해 그것에 근접한 듯 보이는 자동차를 만드는 데 성공했다. 모델 T라고 이름 붙인 자동차는 20마력 엔진과 2단 변속기를 갖춘 4인승 자동차로 당시의 고급 여행용 차에 비견할 만한 성능이면서도 850달러밖에 안 되었다. 그리고 새로운 바나듐 합금을 써서 튼튼했고, 차체를 다소 높게 만들어 미국의 험악한 도로 사정에서도 잘 달릴 수 있었다. 당시 포드 사는 모델 T 광고에서 "2,000달러 미만인 자동차 중에는 최고이고, 그 이상 가격대의 자동차를 놓고 봐도 장식 말고는 꿀릴 게 없습니다(No car under $2000 offers more, and no car over $2000 offers more except the trimmings)"라고 선언했는데, 충분히 그 정도의 자랑을 할 만한 성공작이었다.

모델 T에 대한 시장 반응은 폭발적이었다. 이전에 가장 성공한 포드 모델은 모델 N으로 1년 동안 8,000여 대를 판매했는데, 모델 T는 공장 출고 전부터 1만 5,000대의 선주문이 밀려들었고, 출시 초기에

역사상 가장 유명한 자동차
모델 중 하나인 포드 모델 T
(1908).

포드의 하일랜드 파크 공장
전경.

는 도저히 수요를 감당할 수 없을 만큼 인기가 높았다. 한 역사가는 마치 포드 공장 문앞에 거대한 진공청소기가 있어 차가 새로 나오자마자 빨아들이는 것 같았다고 당시 상황을 묘사했다. 포드 사는 출시 첫해에 1만 1,000대의 모델 T를 판매했고, 2년 후에는 3만 4,528대로 늘었다. 성공에 고무된 포드는 앞으로 모델 T만을 생산할 거라고 선언했고, 늘어난 수요를 감당하기 위해 1910년 하일랜드 파크의 60에이커 부지에 마련한 대규모 단지로 공장을 옮겼다. 포드의 대량생산 방식이 이곳에서 출현한다.

자동차 대량생산 방식의 출현

하일랜드 파크 공장의 엔지니어들은 날이 갈수록 증가하는 모델 T의 수요를 충족시키기 위해 악전고투했고, 이 과정에서 대량생산 시스템으로 알려지게 될 기술적 요소들이 점진적으로 도입되었다. 나중에 포드는 자신을 이러한 방식의 창안자로 내세웠지만, 실은 더 많은 자동차를 더 빨리 생산하기 위한 노력을 쉴 새 없이 기울인 포드 사 엔지니어들과의 공동 성과라고 보아야 마땅할 것이다.

먼저 자동차 부품을 만드는 전용(專用) 공작기계들을 대대적으로 도입했다.* 모델 T 자동차에는 특정 규격을 갖춘 수만 개의 부품이 들어

---

* 공작기계(machine tool)는 선반이나 밀링 머신, 보링 머신 등과 같이 기계에 들어가는 부품을 깎아서 만드는 기계를 가리킨다.

공작기계들이 가득 들어찬 포
드 공장의 크랭크축 가공 부서
(1917).

갔고, 대량생산을 위해서는 이러한 각 부품들을 많이 만들어낼 필요가 있었다. 그런데 기존의 범용(汎用) 공작기계는 다양한 조작을 통해 여러 가지 부품을 만들 수는 있지만, 속도가 느리고 조작에 숙련이 필요하다는 문제가 있었다. 포드 사 엔지니어들은 모델 T에만 쓰일 특정 부품을 만드는 전용 기계를 수만 대나 공장에 들였다. 이 기계들은 미숙련공도 작동시킬 수 있어서 부품의 생산 속도를 비약적으로 높일 수 있었다.

또한 포드 공장에서는 부품의 정밀도를 크게 향상시켜 조립 시 동일한 부품이 완벽히 호환가능하게 만들었다. 요즘에 생각하면 동일한 위치에 들어가는 부품은 모든 자동차에서 당연히 똑같아야 하겠지만, 당시에는 그렇지 않은 경우가 흔했다. 부품의 정밀도가 떨어져 조립 과정에서 부품끼리 서로 안 맞는 일들이 생겼고, 조립공은 임기응변을 발휘해 부품을 끼워 맞출 수 있는 숙련도를 갖추어야 했다. 포드 공장에서는 부품의 호환성을 높여 조립 과정에서의 숙련을 제거했다.

세상을 바꾼 기술, 기술을 만든 사회

1913년 자석 발전기 조립 공정에 도입된 조립라인. 아직 벨트를 걸어 속도를 조절하기 전임을 알 수 있다.

　마지막으로 포드 사의 엔지니어들은 조립 공정을 분석해 이를 구성하는 세분화된 동작 요소들로 나눈 후, 노동자 개개인이 아주 단순한 작업 몇 개만을 담당하게 했다. 그러니까 앞 사람이 작업한 결과물에 간단한 작업 몇 개만 추가해 다음 사람에게 넘기고 하는 식으로 계속 일을 하게 만든 것이다. 이러한 작업이 효율적으로 진행될 수 있도록 1913년부터 조립라인(assembly line)을 도입했고, 나중에는 여기에 벨트를 걸어 작업물이 움직이는 속도를 조절했다.

　이런 변화가 처음 일어난 곳은 자석 발전기 조립 공정이었다. 이전까지 20분 걸리던 공정 소요 시간이 조립라인 도입 후 13분으로 줄었고 벨트를 걸어 작업 속도를 조절하자 다시 5분으로 줄었다. 결과에 고무된 포드 사 엔지니어들은 변속기, 엔진, 차대(車臺) 생산 공정에 차례로 조립라인을 도입해 엄청난 생산성 향상을 이뤘다. 일례로 차대 생산에서는 차 1대를 조립하는 데 12.5시간 걸리던 것이 조립라인 도

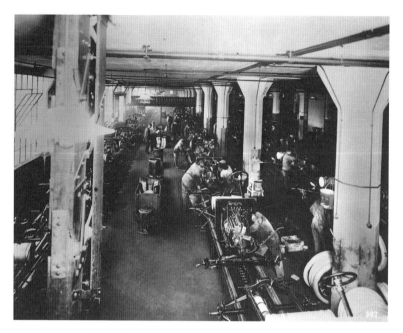

차대 생산 과정에 도입된 조립
라인(1913).

1915년에 하일랜드 파크 공장
에서 하루 동안 생산된 모델 T.

입 후 5.8시간으로 줄었고, 벨트를 걸어 속도를 조절하자 다시 1시간 33분으로 줄었다.

이러한 일련의 기술혁신 덕분에 포드 사는 모델 T 자동차를 종전보다 훨씬 많이, 빨리 생산할 수 있게 됐다. 모델 T 생산 대수는 하일랜드 파크 공장으로 옮긴 후부터 급격히 증가해 1912년에는 7만 6,150대, 1914년에는 26만 4,972대, 1916년에는 53만 4,108대로 늘어났다. 불과 10여 년 전인 1899년에 미국의 모든 자동차 회사들이 생산한 자동차 수가 2,500대였음을 감안하면 그야말로 경천동지할 변화가 아닐 수 없다. 이러한 엄청난 증가는 모델 T에 대한 수요가 어마어마하게 컸기에 가능했다.

더욱 놀라운 점은 이러한 생산 대수의 증가가 가파른 가격 하락과 나란히 나타났다는 사실이다. 모델 T는 출시 초기부터 수요에 비해 공급이 부족한 현상이 계속되었는데, 이 경우 통상적인 경제 법칙에 따르면 가격이 오르는 것이 일반적이다. 수요가 많을 경우 더 많은 돈을 내고라도 구입을 원하는 소비자가 있기 마련이고, 따라서 기업가 입장에서는 가격을 올려서 더 많은 이윤을 얻으려 할 것이다. 그런데 모델 T의 경우에는 거꾸로 나타났다. 출시 초기에 850달러였던 가격이 1910년부터 하락해 1913년에는 600달러, 1915년에는 490달러, 1917년에는 360달러로 떨어졌다. 인플레이션으로 인한 물가 상승을 감안해 조정한 실질 가격으로 보면 하락 폭은 더 가팔랐다. 그러니까 너도나도 사고 싶어 안달하는 상품의 가격이 저절로 계속 내려가는 희한한 일이 생긴 것이다. 이처럼 가격이 하락하면서 모델 T를 구입할 수 있는 수요층은 더욱 넓어졌고, 이는 다시 더 많은 수요를 만들어내 생

연도	명목 가격	실질 가격 (1910년 달러)	생산 대수
1910	$950	$950	19,051
1911	$780	$787.90	34,070
1912	$690	$669.40	76,150
1913	$600	$585.90	181,951
1914	$550	$526.80	264,972
1915	$490	$448.60	283,161
1916	$440	$359.30	534,108
1917	$360	$236.70	785,433
1918	$450	$263.10	664,076
1919	$525	$269	498,342
1920	$507	$227.90	941,042
1921	$397	$214	971,610

모델 T의 가격과 생산 대수의 변화 추이(1910~1921).

산 증가를 추동하는 선순환(virtuous cycle)이 생겨났다. 덕분에 포드 사의 자동차 시장 점유율은 1921년에 55퍼센트까지 뛰어올랐다. 모델 T 하나만 가지고 미국 자동차 시장의 절반 이상을 지배한 것이다.

또 하나 흥미로운 대목은 포드 사가 자사의 새로운 기술과 생산 시스템을 감추지 않고 완전히 공개했다는 것이다. 동종업계의 다른 회사보다 먼저 개발한 혁신 기술이 있다면 영업 비밀로 하거나 특허를 출원해 우선권을 지키려는 것이 보통이다. 그런데 포드는 기술의 확산을 가로막기는커녕 오히려 이를 경쟁사나 언론 등에 적극적으로 알렸고, 포드 공장의 생산 시스템에 관한 영화를 만들어 배급하고 공장 견학을 장려하는 식으로 외부 관심을 부추기기까지 했다. 그 결과 포드의

세상을 바꾼 기술, 기술을 만든 사회

생산 시스템은 제너럴 모터스(General Motors) 등 미국의 다른 자동차 회사들로 빠르게 퍼져나갔고, 자동차의 대중화는 더 가속되었다. 또한 이는 인근 산업 분야에 확산되어 조립을 필요로 하는 내구성 소비재들(진공청소기, 라디오 등)도 이내 조립라인을 이용해 생산하게 되었다.

노동력 구성의 변화와 노동의 소외

그러나 엄청난 생산성 증가와 소비자가 누린 자동차 가격 하락에는 중요한 대가가 뒤따랐다. 자동차산업에 종사하는 노동자들의 구성과

영어를 할 줄 모르는 노동자들
을 위해 포드 사가 운영한 영어
학교.

1915년 하일랜드 파크 공장의 포드 노동자들. 이들 중 상당수가 남유럽이나 동유럽에서 갓 이민 온 미숙련 노동자였다.

그들이 수행하는 작업의 성격이 완전히 바뀐 것이다. 앞서 살펴봤듯이 1900년을 전후한 시기의 미국의 자동차 회사들은 대부분 영세한 규모였고, 수십 명의 숙련된 기계공과 목수가 이곳저곳에서 사들인 다양한 부품을 조립하는 작업장에 가까웠다. 그러나 포드의 모델 T가 큰 인기를 끌고 폭발적 수요에 맞추기 위해 하일랜드 파크에 혁신적 기계와 작업 공정들이 도입되면서 포드 사에서 일하는 노동자들은 그 구성에서 심대한 변화를 겪었다. 가장 두드러진 변화는 기존의 숙련 노동자들을 대신해 미숙련 노동자와 반(半)숙련 노동자들이 대거 공장에 유입되었다는 점이다. 포드 공장에는 남유럽이나 동유럽 출신의 갓 이민 온 사람들이 노동력의 주를 이루게 되었는데, 대부분 영어를 할 줄 몰랐고 미국에 도착하기 전에 고향에서 자동차를 한 번도 본 적이 없는 이들도 많았다.

그런 노동자 수만 명이 모여 자동차를 생산할 수 있었던 것은 포드 공장의 생산 과정이 전용 공작기계와 이동식 조립라인 도입으로 완전히 바뀌었기 때문이다. 한때 고도의 숙련을 요했던 자동차 부품 생산과 조립 공정은 이제 극히 단순한 수천 가지 작업으로 쪼개어져 각 노동자들에게 배분되었고, 개별 노동자들은 자신이 담당한 몇 가지 간단한 동작을 매일 수백 수천 번씩 반복하게 됐다. 이러한 작업은 한 번도 공장에서 일해본 적 없는 사람이라도 하루나 이틀이면 익힐 수 있었고, 그런 점에서 도시로 몰려든 미숙련 노동자들에게 새로운 일자리의 기회를 제공했다.

하지만 중대한 단점도 있었다. 머리를 전혀 쓸 필요가 없었고 같은 동작만 온종일, 그것도 1년 내내 반복해야 했기 때문에 지루하고 고되기가 이루 말할 수 없었다. 포드 공장의 자동차 조립라인에서 일했던 한 노동자는 자신의 경험을 다음과 같은 적나라한 언어로 폭로하기도 했다.

> 헨리[포드]는 삶의 복잡성을 한정된 수의 잡아당기기, 비틀기, 돌리기 동작으로 축소시켰다. 포드 노동자가 일단 자신에게 기대되는 특정한 동작을 익히고 나면, 그는 아무런 생각이나 감정도 없이 평생 그 일을 해나갈 수 있다. 호각소리가 울리면 잡아당기기를 시작하고, 다시 호각소리가 울리면 잡아당기기를 멈춘다. 만약 그것이 단순한 삶이 아니라면, 무엇이 그럴 수 있겠는가?*

많은 노동자가 포드 공장에서의 노동이 정신을 멍하게 하고 몸을 너무 지치게 한다는 것을 깨닫고 겨우 며칠, 잘 해야 몇 달 동안 일하다 그만두었다. 그 결과 포드 공장에 조립라인이 처음 도입된 1913년 포드 사는 심각한 노동 문제에 직면한다. 이 해 포드 공장에서 매일 평균 결근율은 10퍼센트에 달했고, 한 해 동안 노동자들의 이직률은 380퍼센트라는 기록적인 수치까지 치솟았다. 쉽게 말하자면, 하일랜드 파크 공장에서 일하는 노동자가 대략 1만 4,000명이었는데, 이 중 1,400명이 매일 별다른 이유나 사전 통보 없이 결근을 했고, 1913년 한 해

* 루스 코완, 『미국 기술의 사회사』(궁리, 2012), 324쪽.

동안 공장 일을 그만두고 나간 노동자가 5만 3,000명쯤 되었다는 얘기다. 이처럼 엄청난 결근율과 이직률 때문에 생산 공정에 필요한 노동자들을 임시방편으로 모아 공장을 매일 운영하는 일은 거의 전쟁에 가까웠다. 열악한 노동 조건 탓에 당시 포드 공장에서는 노동조합을 결성하려는 움직임이 시작되었다.

일당 5달러 시대와 대량소비 사회의 도래

문제들에 대처하기 위해 포드는 1914년 초 획기적인 금전적 보상책을 발표했다. 하루 노동시간을 9시간에서 8시간으로 줄이는 동시에 포드 노동자들의 일당을 이전의 평균 2.34달러에서 두 배 이상 올려 최저 5달러로 정하겠다는 것이었다. 이 발표는 포드 사 임원들뿐 아니라 다른 자동차 회사 경영진들까지도 놀라게 했다. 그들은 자동차 회사를 이런 식으로 운영하면 금세 재정난으로 망할 거라며 포드를 성토했다. 그러나 포드는 자신의 입장을 굽히지 않았고, 그가 내놓은 새로운 '수익 공유 계획'은 이내 언론에 대서특필되며 엄청난 화제가 되었다. 발표 다음 날 아침 포드 사 정문 앞에는 공장에서 일하겠다는 노동자들이 대거 운집해 포드의 발표가 미친 파장을 실감할 수 있게 해주었다. 아울러 1914년에 포드 공장의 이직률은 15퍼센트로 크게 떨어져 노동력 확보 문제도 크게 완화됐다.

포드가 새로 내놓은 임금 정책은 오늘날까지 이어지는 대량생산—

세상을 바꾼 기술, 기술을 만든 사회

포드의 일당 5달러 선언을 대서
특필한 당시 신문 보도.

일당 5달러 선언 후 포드 공장
에 일자리를 얻기 위해 모인 노
동자들.

대량소비 사회의 기틀을 만들어냈다. 포드는 공정 혁신에 따른 노동 강도의 증가와 단순 반복 노동에 따른 노동 소외에 대한 보상으로 전례 없이 높은 임금을 제시했고, 노동자들은 이러한 '파우스트의 거래'를 받아들였던 것이다. 1914년에 한 포드 노동자의 부인이 포드에게서 보낸 편지는 이러한 계약의 양면성을 잘 보여준다.

> 당신 공장의 연쇄 시스템은 노예 감독관이에요. 맙소사! 포드 씨. 우리 남편은 집에 오면 바닥에 드러누워서 저녁도 안 먹으려 해요… 너무나 지쳐서 나가떨어진 거죠! 어떻게 좀 바꿀 수 없을까요? 일당 5달러는 하나의 축복이에요—당신이 상상하는 것 이상으로요. 하지만, 음, 그만큼 받을 만해요.[*]

이 편지는 도시의 미숙련 노동자와 그 가족들이 포드의 정책을 어떻게 받아들였는지를 솔직히 드러낸다. 이동식 조립라인 도입과 그에 수반된 일당 5달러 정책은 한마디로 축복이면서 동시에 저주이기도 했다는 것이다. 조립라인에서의 노동은 너무나 하기 싫고 진이 빠지는 일이었지만, 그 대가로 주어지는 높은 임금은 가족들이 더 많은 물건을 사들이고 더 높은 소비 수준을 누리게 해주었다.

이를 가장 단적으로 보여주는 것이 포드 노동자들이 생산하는 자동차와 노동자들의 관계가 바뀌었다는 점이다. 도시 날품팔이 노동자의

---

[*]   토머스 휴즈, 『현대 미국의 기원 1』(나남출판, 2017), 374쪽.

일당이 1달러를 조금 넘던 시절에 3,000달러가 넘는 유럽산 고급 자동차는 그런 노동자가 벌어들인 돈을 한 푼도 쓰지 않고 10년간 저축한다 해도 구입할 수 있을까 말까한 고가의 물품이었다. 반면 5달러의 일당을 받는 포드 노동자는 1917년에 가격이 360달러로 내린 모델 T 자동차를 몇 달치 저축으로 구입할 수 있었다. 10여 년 전만 해도 꿈도 꿀 수 없던 변화였다. 포드 공장의 노동자들은 모델 T 자동차의 새로운 소비자이자 고객이 되었고, 이는 다시 모델 T의 생산량 증가에 긍정적으로 기여했다. 높아진 생산성에 힘입은 대량생산, 그리고 소외된 노동을 감수한 고임금 덕분에 가능해진 대량소비의 조합이 현대 산업 사회를 뒷받침하는 근간으로 자리 잡게 된 것이다.

9

포스트포드주의,
'노동의 인간화'를
꿈꾸다

20세기 초 미국의 기업가 헨리 포드가 개척한 자동차의 대량생산 방식은 오늘날 우리에게 익숙한 대량생산-대량소비 사회의 기틀을 다졌다. 포드 자동차 회사는 전용 기계와 조립라인을 도입해 엄청난 생산성 향상을 이뤄냄으로써 제품 생산량을 획기적으로 늘리고 가격을 떨어뜨릴 수 있었다. 또한 이는 노동자들의 임금 인상과 그에 따른 구매력 증가를 통해 제품의 새로운 시장을 창출하는 결과를 낳기도 했다. 이 둘이 상호작용을 하면서 가격 하락 → 시장 확대 → 생산량 증가 → 규모의 경제를 통한 가격의 추가 하락 → 시장의 추가 확대 같은 선순환이 가능해졌다.

　그러나 제2차 세계대전 후 20여 년간 이어진 전후 호황기가 끝나면서 포드주의 축적 체제에 내재한 문제점들이 부각되기 시작한다. 포드주의 체제가 소비자의 욕구와 노동자들의 불만에 제대로 대응하지 못한 탓이다. 포스트포드주의(post-Fordism)는 그러한 포드주의의 위기에 대응해 나타난 여러 갈래의 흐름들을 가리킨다. 그렇다면 포드주의에 내재한 문제점은 무엇이었으며, 포스트포드주의는 이를 어떻게 극복하려 애썼는가? 과연 포스트포드주의는 포드주의의 위기를 넘어서는 데 성공했다고 할 수 있는가? 토요타와 볼보라는 두 자동차 회사의 시도를 자세히 살펴보면서 이 질문에 답해보도록 하자.

포드주의의 문제점: 소비자 욕구의 괴리와 노동자들의 불만

1960년대 후반부터 부각되기 시작한 포드주의의 문제점은 크게 소비와 노동이라는 두 가지 측면에서 나타났다. 먼저 포드주의는 그 어느 때보다 풍요로워진 세상에서 자연스럽게 생겨난 소비자들의 다양한 욕구에 제대로 대응하지 못했다. 왜 그런지를 이해하려면 20세기 초 포드 자동차 공장으로 잠시 돌아갈 필요가 있다. 포드주의적 대량생산의 핵심은 전용 기계를 써서 표준화된 부품들을 값싸게 대량으로 생산해내는 이른바 규모의 경제(economy of scale)에 있었다. 이러한 생산 방식에서는 처음에 기계를 대대적으로 도입할 때 고정 비용이 많이 들지만, 일단 생산이 제 궤도에 오르고 나면 추가로 돈을 들이지 않고 기존의 기계를 계속 가동하면 되기 때문에 개별 부품 생산 단가가 점점 내려간다. 도합 1,500만 대를 생산했을 정도로 엄청난 인기를 누렸던 모델 T의 판매 가격이 계속 하락할 수 있었던 비결도 부분적으로 여기에 있었다.

하지만 이와 같은 생산 방식에는 중대한 단점이 있다. 한 가지 제품만 대량생산할 때는 유리하지만, 새로운 제품을 다양하게 내놓을 때는 크게 어려움을 겪을 수 있다는 것이다. 1920년대 말 포드 자동차 회사가 겪은 위기가 잘 보여준다. 1927년 포드는 출시된 지 20년이 다 되어 구식이 된 모델 T의 생산을 중단하고 모델 A라는 새로운 차를 출시하기로 결정했다. 문제는 당시 포드 공장에 있던 기계들 중 상당수가 모델 T의 특정 부품만을 만들기 위해 설계되고 도입된 것들이어서

1928년 출시된 포드의 신차 모델A.

다른 작업에는 적합하지 않았다는 것이다. 결국 포드

사는 공장의 기계 중 절반 이상을 개조하거나 새로 만

들어야 했다. 기계 교체가 진행되는 6개월 동안 공장 문을 닫아 대략 2

억에서 2억 5,000만 달러에 달하는 막대한 손실을 입었다.

　1920년대 중반부터 포드의 뒤를 이어 미국 자동차 시장에서 1위

로 올라선 제너럴 모터스(GM)는 일명 유연적 대량생산(flexible mass

production)으로 이러한 단점을 극복하려 애썼다. GM의 회장 앨프리

드 슬론은 단 하나의 모델만 고집했던 포드와 달리 쉐보레(Chevrolet),

뷰익(Buick), 캐딜락(Cadillac) 등 가격대를 차별화한 여러 모델을 선보

였고, 매년 기존 모델을 조금씩 고친 신차 모델을 출시하는 등 생산과

마케팅 방식에서 변화를 꾀했다. 이제 고객들은 자신의 소비 수준에 맞

는 자동차를 골라 구입할 수 있었고, 몇 년에 한 번씩 새 차로 바꾸는

것도 가능해졌다. 하지만 슬론의 혁신도 포드주의에서 완전히 벗어난

1920년대 GM에서 출시된 다양한 자동차 모델. 캐딜락(아래)이 가장 고가의 모델이었고 뷰익(가운데)이 중가 모델, 쉐보레(위)가 포드의 모델 T와 경쟁하는 보급형 모델이었다.

것은 아니었다. GM 역시 정도의 차이는 있을지언정 막대한 설비 투자를 기본으로 규모의 경제를 달성하려 애쓰는 대량생산 방식을 받아들였기 때문이다. 이러한 방식은 가령 경기 불황이나 유가 변동 같은 시장 상황의 변화에 신속하게 대응하기 어려웠고, 소비 수준이 높아지고 욕구가 더 다양해진 소비자 취향과도 점차 부합하지 않게 됐다.

포드주의 체제에 내재한 또 하나의 문제점은 노동자의 불만이 점차 커졌다는 데 있다. 앞서 우리는 포드 사에서 자동차의 조립 과정을 세분화하고 개별 노동자에게 몇 가지 동작만 반복하게 하는 식으로 생산성 향상을 꾀한 과정을 살펴봤다. 이러한 생산 과정의 합리화는 1920년대 이후 더욱 높은 수준으로 발전했다. 일례로 1922년에 포드 사의 엔지니어들은 포드 공장에서의 업무를 분석해 다음과 같은 결론을 내렸다.

조사 결과 공장에는 7,882가지의 작업이 있었다. 가장 손쉽게 할 수 있는 일을 다시 분류한 결과, 그중 670가지는 다리가 없는 사람들도 할 수 있었고, 2,637가지는 다리가 하나뿐인 사람도 할 수 있었으며, 2가지는 팔이 없는 사람도 할 수 있었고, 715가지는 팔이 하나인 사람이, 10가지는 맹인이 할 수 있는 일이라는 것이 드러났다. 결국 7,882가지의 작업 중 4,034가지는 모든 신체 능력을 다 요구하는 일이 아니었다.[*]

---

[*]   헨리 포드, 『고객을 발명한 사람 헨리 포드』(21세기북스, 2006), 157쪽.

이러한 분석에 기반해 포드 사는 공장에 9,000여 명의 장애인들을 고용했으며, 당시 이는 대단히 진보적인 노동 정책이었다. 하지만 동시에 이는 포드 공장에서의 노동이 얼마나 단순화, 파편화되어 있는지를 단적으로 보여주는 증거이기도 했다. 대다수 노동자는 포드 공장에서 자신의 능력을 온전히 발휘할 기회를 잡지 못한 채 주어진 동작만 반복하는 로봇처럼 일했다. 포드는 '일당 5달러'로 상징되는 획기적 고임금 정책으로 노동자의 불만을 어느 정도 잠재울 수 있었지만, 그렇다고 해서 문제가 완전히 해결된 것은 아니었다. 1970년에 포드 자동차 공장의 한 용접공이 인터뷰한 내용이 잘 보여준다.

나는 하룻밤 내내 한 위치에, 가로세로 60~90cm의 면적 위에 서 있다. 작업을 멈추는 것은 오직 조립라인이 정지하는 순간뿐이다. 우리는 차 한대 단위당 대략 32가지의 작업을 한다. 한 시간당 48대의 차를 만들고 노동시간은 하루 8시간이다. 32가지 작업을 시간당 48번씩 8시간 하는 것이 된다. 계산해보라. 그것이 내가 스위치를 누르는 횟수이다. 그 소음이란 끔찍한 것이다. 입을 열었다간 불똥을 한가득 들이마실 수 있다. (자기 팔을 가리키며) 이것은 화상이다. 이것이 모두 그 화상이다. 소음에는 견딜 재간이 없다. 고함을 지르면서 어떻게든 용접을 제대로 해내려 애쓴다. 뭔가 긍지를 가져야 한다고? 그렇다면 그것은 다른 데서 찾아야 한다. 내 경우 그것은 우표수집이다.[*]

1970년대 초 GM 로즈타운 공장의 베가 조립라인.

포드주의 작업 공정에 대한 노동자들의 불만이 극적으로 드러난 곳은 1970년대 초 미국 오하이오 주 로즈타운(Lordstown)에 위치한 GM 공장이었다. 로즈타운 공장은 GM이 수입 일본 자동차와 경쟁하기 위해 야심적으로 내놓은 소형차 베가(Vega)를 생산하는 곳이었는데, 소형차는 이윤 폭이 상대적으로 작았기 때문에 로즈타운의 경영진은 손해를 보지 않기 위해 공장 조립라인의 속도를 엄청나게 높였다. 이것이 노동자들의 직무 불만으로 이어졌다. 노동자들이 공장에서 쌓인 스트레스를 풀기 위해 술과 마약에 빠져들면서 로즈타운에서는 알코올중독과 마약중독이 심각한 문제로 부각됐다. 공장 노동자들은 작업의 지루함을 달래기 위해 둘씩 짜고 그중 한 사람이 라인에서 두 사람 몫 일을 하는 동안 다른 한 사람은 책을 읽거나 술을 마시거나 낮잠을 자곤 했다. 이렇게 해서는 일

* 미셸 보, 『미셸 보의 자본주의의 역사 1500~2010』(뿌리와이파리, 2015), 372쪽.

이 제대로 될 리가 없으니 자연히 생산된 자동차의 품질도 형편없었고, GM 자동차를 구입하는 소비자들의 불만도 커졌다.

포드주의를 넘어서—토요타 생산 방식의 부상

1970년대에 위기에 빠진 미국 자동차산업은 기존의 생산 방식에 대한 대안을 찾아나섰다. 그때 유력한 대안으로 부각된 것이 일본의 토요타 자동차이다. 토요타는 원래 창업주인 도요타 사키치가 자신이 발명한 자동 직기를 가지고 1918년에 설립한 직물 공장으로 출발한 회사였다. 1930년에 사키치가 사망하자 아들 도요타 키이치로는 회사 이름을 영어로 발음하기 쉽도록 토요타(Toyota)로 바꾸고 자동차 사업을 시작했다. 1937년에 설립된 토요타 자동차는 포드와 GM의 부품을 활용한 자동차와 트럭을 만들어 판매했지만, 제2차 세계대전이 터지자 자동차 생산은 중단되었고 전쟁이 끝난 후에는 경제적 곤란 속에서 키이치로가 대표직에서 사임하고 회사가 생산 부문과 판매 부문으로 분할되는 어려움을 겪었다.

뒤를 이어 생산 부문의 책임을 맡게 된 키이치로의 사촌 도요타 에이지는 1950년 선진 제조 기법을 배우려고 미국으로 향했다. 그는 포드와 GM의 공장을 견학하며 알게 된 대량생산 기법을 토요타에 접목하려 했지만, 이내 그것이 불가능하다는 사실을 깨달았다. 당시 일본의 자동차 시장은 미국에 비해 터무니없이 작았고(토요타의 자동차 생산 대수는 한 달에 150대 정도에 불과했다), 일본 소비자는 소량 생산되는 다양한 차종에 익숙했다. 일본의 자동차 회사들이 매년 생산하는 자동차를 다 합쳐도 미국의 자동차산업이 3일 동안 생산하는 양에 불과했을 정도로 규모의 격차가 컸다. 도요타 에이지와 엔지니어 오노 다이이치는 일본의 실정에 맞는 새로운 자동차 생산 방식을 고안해내야 했다.

나중에 토요타 생산 시스템으로 알려지게 된 생산 방식은 고전적인 포드주의 원칙을 거스르는 여러 가지 요소들로 이뤄져 있다. 먼저 토요타는 공장의 전용 기계를 줄이고 범용 기계를 도입해 하나의 기계로 다양한 부품을 생산하게 함으로써 설비 투자 비용을 절감했다. 가령 포드나 GM 같은 회사는 금속판을 가공해 보닛이나 문짝을 생산하는 인장 프레스(stamping press)를 부품별로 여러 대 보유하고 있었지만, 토요타는 현장 작업자가 프레스에 들어가는 금형(die)을 직접 교체해 한 대의 기계로 여러 부품을 만들 수 있게 했다.

아울러 토요타는 일명 적기(just-in-time) 생산 방식을 새롭게 개척했다. 포드나 GM 같은 회사들은 전용 기계로 부품을 대량 생산한 후 창고에 보관했다가 주문에 필요한 만큼 꺼내 쓰는 방식으로 작업한 반면, 토요타는 뒤의 공정에서 필요한 만큼만 앞 공정의 부품들을 인수하는 방식으로 최

거대한 프레스로 강철판을 압착해 자동차의 보닛이나 문짝 같은 부품을 만드는 인장 프레스.

대한 재고를 남기지 않는 정책을 취했다. 이처럼 범용 기계와 적기 생산 방식을 도입함으로써 토요타는 재고 부담을 덜고 시장 변화에 유연하고 신속히 대처할 수 있었다.

여기에 더해 토요타는 현장 노동자의 권한을 강화하고 다양한 업무를 수행할 수 있는 능력을 키우는 다능공화(多能工化)를 추진했다. 포드나 GM 같은 회사들은 프레드릭 테일러의 원칙을 받아들여 노동자를 사실상 머리가 없고 손과 발만 달린 존재처럼 취급했다. 반면 토요타의 관리자들은 노동자들이 공정의 '개선(kaizen)'을 위한 아이디어를 수시로 제시하도록 장려했고, 조립라인에 문제가 생겼을 때 노동자 개개인이 라인을 멈출 수 있는 안돈 코드(Andon cord)를 설치해 문제를 해결하게 했다. 또한 포드나 GM에서 흔히 볼 수 있는 일자형 조립라인 대신 U자형 조립라인을 두어 노동자들이 팀을 이뤄 작업하며 여러 기능을 숙달할 수 있게 했다. 노동자의 자발성을 강조하고 직무 만족도를 높이려는 시도에 대해, 노동자 역시 자신의 의견이 존중받고 권한이 커진 데 종종 만족감을 표시했다.

토요타 생산 방식은 1990년 매사추세츠공과대학(MIT)의 국제 자동차 프로그램(International Motor Vehicle Program)에 속한 연구자들이 출간한 책『세상을 바꾼 기계』를 통해 미국과 유럽에 널리 알려졌다. 이 책은 토요타를 비롯한 일본 자동차 회사들이 미국과 유럽의 회사들에 비해 생산성이 높고 품질도 우수하다는 증거를 제시했고, 이러한 토요타의 생산 방식을 종래의 낭비적 대량생산과 대비시켜 린 생산(lean production)이라 이름 붙였다. 일본 자동차 회사들의 성공은 미

조립라인을 따라 노동자들의 머리 위로 지나가는 안돈 코드. 이것을 잡아당기면 조립라인이 멈추면서 문제가 생긴 구역이 전광판에 표시된다.

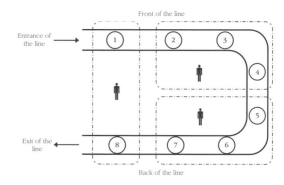

토요타가 자동차 조립 공정에 도입한 U자형 조립라인. 노동자 한 사람이 앞뒤를 오가며 여러 작업을 담당하게 된다.

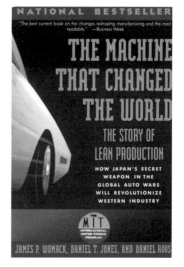

토요타 생산 방식을 세상에 알린 MIT 국제 자동차 프로그램의 책 『세계를 바꾼 기계』(1990)의 표지. 국내에는 『생산방식의 혁명』, 『린 생산』 등의 제목으로 번역되었다.

국 자동차산업에도 영향을 미쳤다. 일본 자동차 회사들은 미국에 자동차를 수출하는 것을 넘어 1980년대가 되면서 미국 내에 현지 공장을 짓기 시작했고, 이에 대응해 포드, GM, 크라이슬러 같은 미국 자동차 회사들은 마쓰다, 미쓰비시, 토요타 등 일본 회사들과 합작 공장을 세우고 새로운 생산 방식을 도입했다. 그렇다면 토요타의 성공은 포드주의의 문제점을 마침내 극복했음을 의미할까?

린 생산에 대한 비판: 스트레스에 의한 관리

토요타의 생산 방식은 작업 현장에서 '사람'을 중요시하는 것으로 널리 알려졌다. 토요타 공장과 달리, 이전의 포드주의 공장에서는 노동자에게 조립라인이 중단 없이 움직여야 한다는 사실을 주입했고, 실제로 라인을 멈출 수 있는 권한은 상급 관리자만 갖고 있었다. 포드주의 공장에서는 라인을 멈춰 그때그때 문제를 해결하기보다는, 설사 불량이 생기더라도 이를 조립라인 아래로 흘려보낸 후 라인 끝에서 숙련공들이 재작업을 통해 남은 불량을 제거하게 하는 쪽을 선호했다. 이러한 임시변통식의 작업은 불량을 완전히 제거하지 못했고, 그 결과 포드주의 공장에서 나온 제품의 품질은 썩 좋은 편이 못 되었다. 그렇게 보면 1980년대 이후 토요타 생산 방식이 각광을 받는 것은 놀랄 일이 못 된다.

하지만 모든 사람들이 토요타의 새로운 생산 방식에 열광한 것은 아니다. 토요타 생산 방식이 미국으로 진출해 일본 자동차 회사들이 직접, 혹은 미국 회사들과 합작으로 세운 공장들이 속속 들어서면서 비판의 목소리가 나오기 시작했다. 가장 큰 비판은 역시 토요타 생산 방식에서 노동자들의 역할과 권한에 맞춰졌다. 가령 앞서 설명했던 안돈 코드를 다시 한 번 생각해보자. 토요타 공장의 노동자는 제품 결함을 발견하거나 할당된 시간 내에 업무를 마치는 데 어려움을 겪을 경우 코드를 당기라는 지시를 받았다. 그

토요타 생산 방식을 비판한 마이크 파커와 제인 슬로터의 책 Choosing Sides(1988)의 표지. 국내에는 『팀 신화와 노동의 선택』으로 번역되었다.

런데 이를 도입한 후 일정한 시간이 흐르자 공장 관리자들은 코드가 당겨져 라인이 멈추는 일이 거의 없다는 사실을 알게 됐다. 수차례 코드가 당겨져 발견된 문제를 해결했기 때문이기도 하지만, 그에 못지않게 노동자들의 마음가짐이 달라졌기 때문이기도 했다.

조금만 생각해보면 금방 알 수 있다. 어떤 노동자가 공장의 조립 라인에서 뭔가 실수를 저질러 안돈 코드를 당겼다고 해보자. 이제 어떤 일이 생길까? 우선 라인이 멈추고 전광판에 불이 들어오며, 뒤이어 그 노동자가 있는 구역으로 문제를 해결하기 위해 사람들이 모여든다. 그리고 라인이 멈춰 있는 동안 다른 노동자들은 모두 할 일이 없어 놀게 된다. 이런 일이 여러 차례 반복된다면 같은 일이 다시금 되풀이될 터이다. 요컨대 안돈 코드를 당기는 것은 내가 잘못해 공장에서 수많은 다른 사람들에게 '폐를 끼치는' 일이 돼버리는 것이다. 그래서 노동자

들은 가능하면 안돈 코드를 당기는 일이 생기지 않도록 더 신경 써서, 주어진 시간 내에 일하려고 훨씬 노력을 기울이게 됐다. 단체 생활에서 한 사람이 잘못을 저지를 때 다른 모든 사람에게 벌을 주면 각자가 실수를 하지 않도록 극히 조심하는 것과 마찬가지의 이치이다. 그것이 곧 토요타 공장의 품질 향상 비결이었다.

토요타 생산 방식을 비판하는 사람들은 이러한 점에 착안해 토요타주의를 '스트레스에 의한 관리(management by stress)'로 이름 붙였다. 노동자들이 문제를 일으키지 않기 위해 일하는 시간 내내 신경 쓰고 촉각을 곤두세우는 상황을 만들어내 불량을 줄이고 품질을 높이는 결과를 얻어낸다는 뜻이다. 토요타 공장의 노동자는 통상 업무 외에 여러 다른 사안들에도 신경 써야 했다. 그들은 품질 관리, 공구와 금형 교체, 장비 유지보수 및 수리까지 책임졌고, 업무가 끝난 후에는 품질 분임조(quality circle)에 참여해 공정에 대한 개선 아이디어를 내도록 독려받았다. 포드주의 공장에서는 노동자들이 정신을 멍하게 하는 단조로운 반복 작업으로 고통받았지만 일단 일이 끝나고 나면 휴식이라는 형태로 즉각적인 보상을 받았다. 반면에 토요타 공장에서는 지속적으로 시스템의 문제를 파악해 '개선'할 의무를 부여받았다.

더 나아가 토요타 생산 방식을 비판하는 사람들은 이것이 진정한 의미에서 포드주의를 넘어선 생산 방식이 아니라고 주장했다. 토요타 공장에는 벨트 컨베이어로 구동되는 조립 라인이 그대로 남아 있었고, 그것이 움직이는 속도는 여전히 경영진이 결정했다. 현장 노동자에게 더 많은 권한과 책임을 보장한다고 했지만, 실상 따져보면 현장으로 이전된 권한은 대체로 대수롭지 않은 것들이었고, 각 팀이 얼마나 많은 업무를 담당할지 같은 정말 중요한 결정들은 경영진에 의해 내려졌다. 노동자는 그저 지속적인 개선, 다양한 기능 습득, 품질 향상에 책임을 지고, 업무-비업무 시간을 막론하고 쉴 새 없이 열심히 일해야 하는 존재가 됐다. 어떤 사람들은 이런 점을 지적하며 토요타 생산 방식이 포드주의의 큰 틀을 유지하는 속에서 더 교묘해지고 극단화된 노동착취 수단이라고 비판하기도 했다.

볼보의 '노동의 인간화' 실험

토요타의 생산 방식이 진정으로 포드주의를 넘어선 것이 될 수 없다면 그에 대한 대안은 어디에서 찾을 수 있을까? 어떤 사람들은 스웨덴의 자동차 회사 볼보(Volvo)의 사례가 토요타의 '린 생산'에 대한 대안적 생산 방식이 될 수 있다고 생각했다. 볼보는 이미 1970년대부터 포드주의의 문제점을 넘어서고자 생산 현장에서 독특한 실험을 해왔는데, 그 배경에는 스웨덴의 독특한 정치사회적 환경이 자리 잡고 있었다. 스웨덴은 1930년대 이후 사회민주당이 오랫동안 집권하면서 노동자의 조직률이 높고 노동운동의 정치적 영향력이 컸으며, 또 인구가 적어 만성적인 노동력 부족에 시달렸다. 이러한 상황에서 1960년대 중반부터 미국을 비롯한 서구 국가들을 괴롭히던 노동 소외와 노동자의 불만족 문제가 시급히 해결해야 하는 과제로 부각되었다.

볼보 자동차 회사는 노동자의 불만족으로 야기된 높은 결근율과 이직률 문제에 적극적으로 대응하고 나선 회사들 중 하나였다. 그런데 당시 스웨덴의 노동운동은 산별노조로 조직돼 있어 자동차산업 분야 전체에 (사업장을 막론하고 같은 노동에 대해 같은 임금을 지급하는) 연대 임금 정책이 적용되고 있었기 때문에, (예전에 포드가 일당 5달러 정책에서 했던 것처럼) 금전적 유인책을 통해 문제 해결을 시도하기는 어려웠다. 이에 따라 볼보는 생산 현장에서 노동자의 직무 만족도를 높이는 방향으로 변화를 꾀했고, 3개의 완성차 공장(고텐버그, 칼마, 우데발라) 가운데 상대적으로 규모가 작고 새로 생긴 칼마 공장과 우데발라 공장 두 곳에서 새로운 기술 체계를 도입하는 실험에 나섰다. 기본 철학은 조직을 위계적인 것에서 수평적인 것으로 바꾸고, 세분화·파편화된 직무를 다시 통합, 재편성하며, 노동자의 작업에서 자율성을 강화하는 것이었다.

볼보는 먼저 1970년대에 칼마 공장에서 경영진 주도하에 새 기술 도입을 실험했다. 1974년에 문을 연 칼마 공장에서는 대량생산의 상징과도 같은 벨트 컨베이어를 폐지하고 대신 무인반송차(automatically guided vehicle, AGV)를 활용한 항만식 조립(dock assembly) 공정을 도입했다. 벨트 컨베이어 대신 중앙 컴퓨터로 제어되고 배터리로 움직이는 무인반송차가 자동차 차체를 싣고 작업팀 사이를 이동하는 방식이다.*

---

* 무인반송차는 차체를 사람 키 높이까지 들어올릴 수도 있었고, 차체를 싣고 90도 회전해 차 바닥에 대한 작업도 쉽게 할 수 있었다. 이는 1970년대의 볼보 칼마 공장을 소개하는 교육용 비디오를 통해 확인할 수 있다. https://www.youtube.com/watch?v=al7ornrCKnM

세상을 바꾼 기술, 기술을 만든 사회

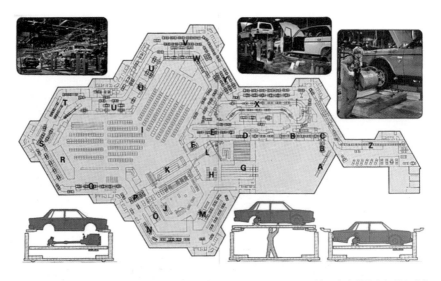

볼보의 칼마 공장의 내부 배치도. 아래쪽에 무인반송차에 실린 차체에 대해 어떻게 작업하는지를 보여주는 그림이 실려 있다.

이제 노동자들은 한 자리에 서서 자기 앞에 운반돼 오는 부품이나 차체에 간단한 몇 가지 작업만 하는 것이 아니라, 무인반송차에 실린 차체 주위에서 15~20명의 사람들이 팀을 이뤄 자동차를 조립하게 됐다. 작업팀에는 일주일간의 생산 목표만을 제시하고 어떻게 달성할지는 팀 스스로가 결정할 수 있게 자율성을 부여했고, 대신 결과물의 품질에 대해 팀 전체가 책임을 지게 했다. 노동자들은 팀 내에서 다양한 직무를 돌아가며 맡음으로써 숙련도를 향상시킬 수 있었다. 이러한 변화에 대해 노동자들의 반응은 대단히 긍정적이었다. 작업에 대한 불만도 크게 줄었고 결근율과 이직률이 큰 폭으로 하락했다. 불량률과 품질뿐 아니라 생산성 측면에서도 상당한 향상을 이뤘다.

칼마 공장에서의 성과는 1980년대 이후 더욱 혁신적인 우데발라 공장으로 이어졌다. 1980년대에 자동차 시장이 호황을 이루자 볼보는

볼보 우데발라 공장 전경. 오른
쪽에 ㄱ자 모양으로 꺾인 건물
이 부품관리소이고, 그 양쪽 끝
에 T자형으로 붙은 건물들이 제
품생산부이다.

우데발라 공장 내부 배치. 양쪽
에 T자형으로 붙은 건물의 가
운데 부분(7, 8)에는 시험소가
있고, 거기서 튀어나온 부분에
6개의 제품생산부(1, 2, 3, 4,
5, 6)가 있다.

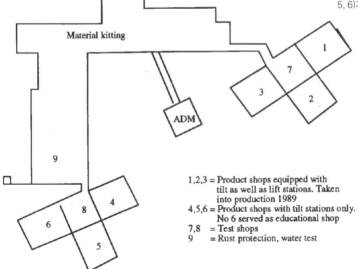

1,2,3 = Product shops equipped with
        tilt as well as lift stations. Taken
        into production 1989
4,5,6 = Product shops with tilt stations only.
        No 6 served as educational shop
7,8   = Test shops
9   = Rust protection, water test

새 공장을 건설할 계획을 세웠고, 이번에는 계획 초기 단계부터 노동조합의 적극적인 참여하에 의견을 반영했다. 그 결과 1989년에 가동을 시작한 우데발라 공장은 그 구조나 내부 배치, 운영 철학 등에서 가장 획기적인 모습을 보여주었다. 이곳 역시 벨트 컨베이어를 없애고 무인반송차를 활용한 조립 공정을 도입했는데, 칼마 공장보다 한 걸음 더 나아가 작업팀에 최대의 자율권을 주고 노동자 개인이 자동차 조립의 모든 지식을 습득하게 하는 장인적 조립생산을 지향했다.

우데발라 공장은 중앙에 위치한 부품관리소와 그 아래 위치한 6개의 자율적 제품생산부로 구성되었고, 제품생산부에서 필요로 하는 부품들은 부품관리소에서 무인반송차를 써서 적재적시에 공급하게 했다. 각 제품생산부에는 (각 8명 내외로 구성된) 8개의 자율적 작업팀이 있었는데, 하나의 작업팀이 4대의 자동차를 동시에 조립하는 식으로 작업했다. 회사는 하루의 생산 목표만 제시했고, 작업 방식이나 속도 등은 팀 내에서 자율적으로 결정하게 했다. 노동자들은 팀에서 16개월간의 교육 훈련을 거쳐 자동차 조립의 모든 측면을 익혔고, 궁극적으로는 혼자 힘으로도 자동차를 조립할 수 있는 '장인 단계'를 목표로 삼았다. 이러한 우데발라 공장의

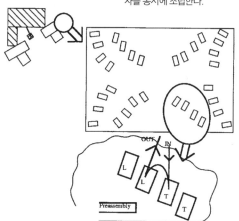

제품생산부를 확대한 모습. 각 제품생산부에는 8개 작업팀이 있고, 각 작업팀이 4대의 자동차를 동시에 조립한다.

혁신은 노동자로부터 직무 만족도 면에서 매우 좋은 평가를 받았고, 생산성 면에서도 전통적 테일러주의의 원칙에 입각해 운영되던 고텐버그 공장에 결코 뒤처지지 않았다.

'노동의 인간화'의 미래

1970년대 이후 볼보가 추구한 실험은 궁극적으로 대량생산이 도래하기 이전의 장인적 생산을 지향했다는 점에서 포드주의적 원칙에서 확연히 벗어났다고 할 수 있다. 볼보의 칼마와 우데발라 공장은 1960년대 이후 첨예하게 부각된 노동 소외 문제에 대한 해법을 모색함과 동시에, 무인반송차와 같은 첨단 장비의 도입을 통해 생산 효율성도 추구하는 두 마리 토끼를 잡는 데 성공한 듯 보였다. 그러나 볼보는 토요타를 위시한 일본 자동차 회사들과의 경쟁에서 밀리는 모습을 보였고, 1990년대 이후 시장 악화 속에서 소규모 조립공장인 칼마와 우데발라 공장을 폐쇄함으로써 볼보의 '노동의 인간화' 실험은 중단되고 말았다. (이 중 우데발라 공장은 영국 TWR과의 합자로 1997년부터 생산을 재개했다가 2013년에 최종적으로 생산이 중단됐다.)

21세기로 접어든 현재에도 '노동의 인간화'의 미래는 그리 낙관적이지 못하다. 신자유주의 세계화의 물결 속에서 노동운동의 과제가 작업 과정에서의 만족 추구보다는 양질의 일자리 창출과 비정규직 문제 해결로 이동하면서 이 문제는 상대적으로 경시되고 있다. 그러나 포드주의에 입각한 대량생산-소비 사회가 낳은 노동 소외 문제가 남아 있는 한, 앞으로도 노동의 인간화를 향한 노력은 계속될 것이다.

휴대전화,
모바일 세상의
필수 품목이 되다

휴대전화의 역사에 관한 책을 쓴 영국의 과학사가 존 에이거는 책머리에서 흥미로운 화두를 던진다. 우리가 호주머니와 가방에 항상 넣고 다니는 물건이 바로 우리 사회가 중요하게 여기는 가치가 무엇인지를 보여준다는 것이다. 가령 사람들은 종종 지갑, 열쇠, 빗을 휴대하고 다니는데, 이는 우리 사회가 금전 거래, 재산(부동산), 외모를 중요하게 여긴다는 사실을 반영한다. 이러한 휴대 물품의 목록은 고정된 것이 아니라 시대와 장소에 따라 변한다. 가령 18세기 유럽에서는 신사들이 회중시계를 휴대하는 것이 새로운 유행으로 부상했는데, 이는 정확한 시간을 아는 것이 초기 산업사회의 기업가나 공장주들에게 대단히 중요했기 때문이다.

지난 수십 년 동안 사람들의 필수 휴대 품목에는 휴대전화가 새로 추가됐다. 이는 오늘날의 '모바일 세상'이 항시적 접속가능성—에이거의 책 제목인 'constant touch'가 의미하는 바—을 당연한 것으로 여기게 된 현실과 무관하지 않다. 30여 년 전만 해도 휴대전화는 대단히 비싸고 상대적으로 보기 드문 물건이었지만, 이후 아주 짧은 기간 동안 엄청난 속도로 보급되어 오늘날에는 전 세계에서 개통된 휴대전화 수가 세계 인구보다 많을 정도로 보편화되었다. 그렇다면 휴대전화는 어떤 과정을 거쳐 이처럼 널리 쓰이는 물건이 되었을까?

이 질문에 답하는 것은 조금 복잡하다. 왜냐하면 오늘날 우리가 휴대전화라고 부르는 물건은 사실 하나의 기술이 아니라 여러 기술(전화, 액정, 카메라, 마이크로칩, 인터넷 등)이 결합된 결과물이기 때문이다. 그중에서 전화 기능만 떼어내어 생각하더라도 그 역사는 여러 갈래로 추적할 수 있다. 이를 이해하려면 휴대전화를 영어로 뭐라고 부르는지를 한번 생각해보면 된다. 한국에서는 흔히 '핸드폰'이라는 말을 쓰지만, 사실 이 말은 영어권에서는 쓰이지 않는 '콩글리시'에 해당한다. ('손에 들고 다닐 수 있는 전화'라는 뜻이라면 'hand-held phone'이 정확한 표현이다.) 영어권에서는 무선전화(wireless phone), 이동전화(mobile phone), 셀 방식 전화(cellular phone) 같은 표현들을 주로 쓰는데, 요즘은 사람들이 이런 용어들을 별 생각 없이 섞어서 쓰지만, 사실 이 각각의 의미는 조금씩 다르고 시작된 시점도 다르다. 이러한 용어들이 가리키는 장치의 역사를 차근차근 따라가면서 오늘날 우리가 쓰는 휴대전화가 등장한 과정을 살펴보도록 하자.

무선을 통한 음성 전송—무선전화의 등장

무선통신의 선구자로 이 분야의 사업을 처음 개척한 이탈리아의 발명가 굴리엘모 마르코니는 1896년에 전자기파를 이용하는 무선전신(wireless telegraph)을 처음 선보였다. 그는 고전압 전류를 이용해 스파크를 발생시킬 때 나오는 단속적 전자기파—펄스파(pulse wave)—를 써서 모스 부호를 구성하는 도트(·)와 대시(—)를 전송하는 방법을 고안했고, 이를 영국과 미국에서 사업화해 유명세를 얻었다. 이어 1901년 대서양을 횡단하는 무선전신 시도에 성공을 거두면서 마르코니의 명성은 더욱 높아졌다. 그러나 무선통신 영역에서 마르코니의 독점은 그리 오래 가지 않았다. 마르코니는 무선통신의 영역을 모스 부호의 전송으로 한정했고, 무선으로 음성을

마르코니와 그가 만든 '매직박스'. 오른쪽이 스파크 송신기이고 왼쪽이 수신기이다.

직접 전송하는 것(무선전화)에는 별로 관심을 기울이지 않았다. 그가 이용한 펄스파는 모스 부호가 아닌 사람의 음성 같은 신호를 보내기에는 적절치 못했다. 이를 위해서는 연속파(continuous wave)를 이용한 새로운 장치가 필요했다.

무선을 통한 음성 전송 실험에 처음 성공한 사람은 캐나다 출신의 발명가 레지널드 페선던이다. 페선던은 토머스 에디슨과 조지 웨스팅하우스 밑에서 일하며 전등의 개발을 돕기도 했고, 그 후에는 퍼듀대학과 웨스턴펜실베이니아대학(지금의 피츠버그대학)에서 학생들을 가르치기도 하는 등 이론과 실무를 겸비한 인물이었다. 그는 1900년부터 미국 기상청의 후원을 받아 무선통신 실험에 나섰고, 무선통신에 쓰이는 고주파를 음성과 같은 저주파로 바꿔주는 수신기와 연속파를 발생시킬 수 있는 발진기(alternator)를 차례로 발명했다. 그는 1906년 크리스마스이브에 자신이 만든 송신기를 이용해 북대서양 연안의 브랜트 록에 마련된 송신소에서 처음으로 음성 신호를 전송했고, 가까운 바다에 있던 배 위의 통신사들은 딸깍거리는 모스 부호 대신 사람의 목소리와 음악이 통신기에서 흘러나오는 신기한 경험을 할 수 있었다.

이 사건은 흔히 세계 최초의 '라디오 방송'으로 일컬어진다. 그러나 이러한 성공에도 불구하고 페선던은 마르코니만큼 홍보와 사업 수완이 좋지 않았고, 자신이 만든 무선 음성 송수신기를 사업화하는 노력에서 성공을 거두지 못했다. 이 때문에 한동안 무선전화는 (해군을 제외하면) 이를 취미로 하는 아마추어 무선사(ham)들의 영역으로 남게 되었다.

세상을 바꾼 기술, 기술을 만든 사회

1906년 매사추세츠 주 브랜트록에서 무선 음성 송신 실험을 하던 레지날드 페선던(가운데 앉은 사람)과 그 조수들.

그러나 1920년대가 되면서 무선전화를 업무에 활용하려는 시도가 나타났다. 이러한 노력을 선구적으로 기울인 조직 중 하나가 경찰이다. 경찰 조직은 본부에 근무하는 경찰관들과 순찰차를 타고 정해진 구역을 돌면서 치안 유지를 담당하는 경찰관들로 나뉘는데, 이전까지는 경찰관들이 일단 순찰차를 몰고 경찰서를 나가면 그들과 연락할 방도가 없었다. 이 문제를 해결하기 위해 미국에서 가장 먼저 나선 곳이 '자동차의 도시' 디트로이트였다. 1928년 디트로이트 시 경찰은 순찰차에 무선 수신기를 설치해 본부에서 순찰차로 음성으로 된 메시지를 보낼 수 있게 했고, 1931년부터는 이를 보완해 순찰차에서 본부로 보내는 음성 통신도 가능하게 함으로써 쌍방향 음성 전달 시스템을 마련했다. 디트로이트 경찰에 장비를 공급했던 회사는 폴 갤빈과 조지프 갤빈 형제가 1928년에 시카고에서 설립한 갤빈 제조 회사(Galvin Manufacturing Corporation)였는데, 1930년 이후 차량에 싣는 무선 장치의 생산에 집중하면서 이 점을 강조하기 위해 회사 이름을 모토로라(Motorola)로 바꿨다.

무선전화는 제2차 세계대전이라는 전대미문의 파괴적 참화 속에서 성능이 더욱 향상되었다. 작전을 펼치는 군 부대 간 연락을 위해 무선통신 장비가 널리 쓰였기 때문이다. 무선통신 장비는 병사들이 휴대하기 쉽도록 크기가 작아지고 무게도 가벼워졌다. 1940년에 역시 모토로라가 개발해 미 육군에 보급한 '워키토키(walkie talkie)'는 통신병이 배낭처럼 메고 다니면서 작전 본부와 통화를 할 수 있는 장비였고, 이후 크기를 더욱 줄여 한 손에 들 수 있는 워키토키의 일종인 '핸디토키(handie talkie)'도 등장했다. 이러한 장치들은 전쟁이라는 환경이 빠른 기술 발전을 가져올 수 있음을 잘 보여준다.

1928년 디트로이트에서 처음으로 무선전화 장치를 장착한 경찰차. 포드 모델 T의 지붕에 안테나를 설치해 경찰 본부에서 보내는 음성 메시지를 수신했다.

제2차 세계대전 때 보병부대의 통신 수단으로 널리 쓰였던 워키토키(위)와 이를 더욱 소형화해 한 손에 들 수 있는 장치로 만든 핸디토키(아래).

전화망과 연결된 이동전화—카폰의 출현과 그 한계

제2차 세계대전 이전에 생산된 이러한 장치들은 전선 없이 사람의 음성을 송수신할 수 있다는 점에서 '무선'전화라고 할 수 있었지만, 사실 엄밀한 의미에서 볼 때 무선'전화'는 아니었다. 오늘날 우리가 기대하는 것처럼 유선전화망에 가입한 다른 사람들과 통화할 수 있는 장치는 아니었다는 말이다. 경찰 라디오든 통신병이 휴대하는 무전기든 간에 호환되는 다른 무선 장치를 가진 사람하고만 통신을 할 수 있었고, 가정이나 사무실에서 전화를 이용하는 일반 가입자와는 연결되지 않았다.

하지만 전쟁이 끝난 후 그동안 축적된 기술적 성과들을 가지고 진정한 무선전화 서비스를 제공하려는 노력이 시작됐다. 미국의 전화 사업을 거의 독점에 가까운 형태로 지배하던 미국전화전신회사(AT&T)의 지역 자회사인 사우스웨스턴 벨 전화회사(Southwestern Bell Telephone Company)가 1946년 세인트루이스에서 이동전화서비스(Mobile Telephone Service, MTS)를 개시한 것이 시초이다. MTS는 유선전화망과 연결되어 전화 가입자들과 통화할 수 있는 최초의 상업적 서비스였고, 자동차에 설치하는 카폰(car phone)으로 서비스가 제공됐다. 결국 최초의 '이동'전화는 사람들이 휴대할 수 있는 장치가 아니라 카폰의 형태로 등장했던 셈이다.

MTS를 이용하는 방식은 오늘날 우리가 이동전화를 쓰는 방식과 상당히 달랐다. 이는 이후의 기술 발전과 밀접한 연관이 있으니 더 자

세히 살펴보도록 하자. MTS 장치를 갖춘 자동차 운전자가 전화를 걸고 싶으면 먼저 장치를 켜고 예열되기까지 조금 기다린 후, 채널 선택을 위해 장치에 달린 동그란 손잡이(knob)를 돌렸다. 이 손잡이에는 1에서 6까지 숫자가 적혀 있어 모두 6개의 채널 중 하나를 선택할 수 있었는데, 선택한 채널에서 목소리가 흘러나온다면 그 채널에서 다른 사람이 이미 통화하고 있음을 의미했고 다른 채널을 선택해야 했다. (모든 채널이 통화 중이라면 빈 채널을 찾을 때까지 계속 손잡이를 돌리는 수밖에 없었다.) 손잡이를 돌리다가 목소리가 나오지 않는 채널을 찾으면 곧바로 수화기를 들고 전화 교환수를 호출해 자신이 통화하고 싶은 사람의 전화번호(혹은 이름과 주소)를 알려주었고, 그러면 교환수가 수동 교환기를 써서 해당 가입자와 연결해주었다. 이 서비스를 이용해 3분 동안 통화를 하면 35센트의 통화료가 부과되었고, 별개로 매달 15달러의 서비스 요금을 내야 했다.

이로부터 우리는 MTS 시스템에 대해 여러 가지 사실들을 알 수 있다. 먼저 MTS에서는 프라이버시를 거의 기대할 수 없었다. MTS 서비스를 이용하는 사람들은 사실상 특정 주파수 채널로 대화를 방송하는 것이나 마찬가지였고, 따라서 다른 MTS 가입자는 물론이고 적절한 수신 장치를 갖춘 사람이면 누구나 통화를 엿들을 수 있었다. 게다가 동시에 통화할 수 있는 사람 수가 크게 제약됐다. 세인트루이스에서는 초기에 통화 가능한 채널이 6개뿐이었기 때문에 도시 전체에서 이동전화를 동시에 쓸 수 있는 최대 인원이 6명이었다. 그래서 출퇴근 시간처럼 통화량이 늘어나는 시간대에는 20분, 30분씩 기다려도 통화를 할 수 없는 경우가 많았고, 이에 대한 가입자들의 불만도 커졌다. 이 때문에 MTS는 많은 가입자를 받을 수가 없었고, 초기의 가입자 수는 최대 250명을 넘지 않게 조절됐다.

과연 이처럼 요금이 비싼 데다, 프라이버시라고는 찾아볼 수도 없고, 붐비는 시간대에는 통화가 거의 불가능하다시피 한 서비스를 이용하려는 사람이 있었을까? 놀랍게도 상당히 많았다. 경찰, 응급 서비스, 택시 회사, 의사 등 다양한 부류의 고객들이 가입하면서 세인트루이스의 서비스는 이내 1,000명 가까운 대기자가 생길 정도로 인기를 누렸고, 얼마 안 가 미국 내 25개 대도시로 서비스가 확산됐다. 가령 1947년 뉴욕에서는 2,000명 이상이 대기자 목록에 이름을 올려놓은 상황에서, 730명의 운 좋은 가입자들이 고작 12개밖에 안 되는 채널을 돌

세상을 바꾼 기술, 기술을 만든 사회

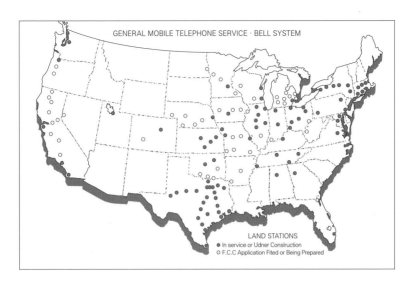

LAND STATIONS
● In service or Udner Conslruction
○ F.C.C Application Fited or Being Prepared

려 가며 전화 통화를 하려고 안간힘을 쓰고 있

1947년 미국에서 MTS가 제공
되고 있거나 서비스를 준비 중
이던 도시들을 나타낸 지도.

었다. 이처럼 MTS가 성공을 거둠에 따라 서비

스에 내재한 문제점을 해결하려는 기술적 노력도 나타나기 시작했다.

MTS에 대한 불만은 여러 가지가 있었지만, 가장 큰 문제는 동시에

통화 가능한 사람 수가 너무 적고 이에 따라 가입자를 많이 받을 수 없

다는 데 있었다. 그런 문제가 생긴 이유는 부분적으로 MTS에 할당된

주파수 대역이 너무 좁기 때문이었다. 미국에서 주파수의 배분을 담

당하는 관청인 연방통신위원회(Federal Communications Commission,

FCC)는 수많은 서비스(TV, 라디오 방송, 아마추어 무선, 경찰, 군대, 비행

기 관제 등)에 주파수를 나눠줘야 했고, 이 때문에 불과 몇 백 명 정도

가 이용하는 것이 고작인 이동전화라는 '사치품'에 넓은 주파수 대역

을 할당하려 하지 않았다.

하지만 더 큰 문제는 MTS가 '높은 송신탑, 높은 출력(high tower,

high power)' 방식을 취했다는 데 있다. MTS는 서비스 지역 한가운데

에 고출력의 송신탑을 지어 전파를 송출했고, 자동차에서 나오는 상대적으로 약한 신호를 수신하기 위해 지역 곳곳에 여러 개의 수신탑을 세웠다. 이렇게 할 경우 하나의 송신탑을 가지고 해당 지역에 있는 모든 이동전화에 도달할 수 있었지만, 동시에 그 지역 전체에서 특정 주파수 대역(채널)의 사용을 독점해버리는 결과를 낳기도 했다. 이는 이동전화 서비스에 할당된 얼마 안 되는 주파수 대역을 이용하는 방법으로는 효율적이지 못했다.

1947년에 AT&T 산하 벨 연구소(Bell Laboratory)에서 근무하던 더글러스 링이라는 연구원은 이 문제를 해결할 수 있는 참신한 아이디어를 떠올렸다. 그는 주어진 지역을 마치 벌집처럼 생긴 작은 육각형 '셀(cell)'로 쪼개고 각각에 작은 송수신탑을 세운 후(요즘은 이걸 휴대전화 '기지국'이라고 부른다) 각각의 송수신탑은 해당 셀 내에만 닿도록 약한 전파를 송출하는 '셀 방식(cellular)' 개념을 제안했다. 링의 아이디어는 기존의 방식에 비해 여러 장점을 갖고 있었다. 먼저 서로 이웃한 셀끼리는 혼선을 피하기 위해 다른 주파수를 사용해야 하지만 그것을 넘어선 다른 셀에는 전파가 닿지 않기 때문에 이미 사용한 주파수를 재활용하는 것이 가능했고, 이를 통해 동시에 통화 가능한 사람의 수를 크게 늘릴 수 있었다.

또한 기존 방식에 비해 하나의 송수신탑이 담당하는 영역이 훨씬 작아졌기 때문에 이동전화에서 발신하는 전파의 출력이 훨씬 약해도 되었고, 장치를 소형화하는 것도 쉬워졌다. (반면 MTS에서는 자동차에서의 송신에 너무 많은 전기가 소모되어 종종 헤드라이트가 어두워지고 자동

MTS 시스템의 구조. 점선으로 표시된 서비스 지역 전체에 닿는 강력한 송신탑을 도시 중앙에 설치하고 자동차에서 나오는 신호를 받는 수신탑을 여러 곳에 설치해 유선전화망과 연결했다.

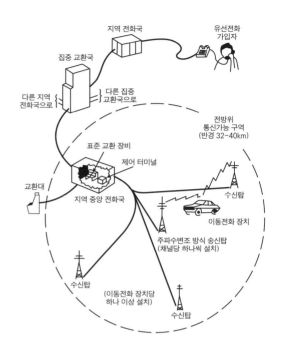

셀 방식 이동전화에서 주파수를 재활용하는 방식. 가령 F1 셀들은 서로 인접해 있지 않기 때문에 동시에 같은 주파수를 이용해 여러 사람이 통화하는 것이 가능하다.

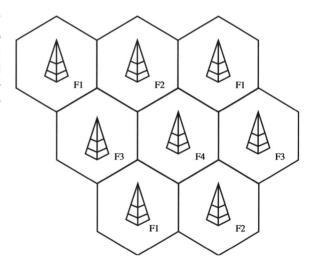

차 배터리가 나가버리기도 했다.) 여기에 더해 이동전화의 서비스 지역 확대가 용이하다는 것 역시 큰 장점이었다. 기존 방식에서는 서비스 지역 한가운데 있는 송신탑을 높이고 출력을 키워야 했지만, 셀 방식에서는 지역 외곽에 새로 셀들을 덧붙이기만 하면 되었다.

얼른 보면 링이 제안한 셀 방식 개념은 당시 이동전화가 안고 있던 문제점들을 단번에 해결해줄 수 있는 혁신적 아이디어로 즉각 채용되었을 것처럼 보인다. 하지만 정작 이 개념을 응용한 새로운 이동전화가 나오기까지는 40년 가까운 기간을 더 기다려야 했다..

셀 방식 개념의 '뒤늦은' 도입—'1G' 폰의 실용화

1947년에 더글러스 링이 사내에 회람한 보고서에 담긴 아이디어는 분명 혁신적이었지만, 즉각 채택되지는 않았다. 아니, 즉각 채택될 수 없었다고 말하는 것이 정확한 표현일지 모른다. 이유는 크게 두 가지였다. 먼저 기술적 이유들이 있었다. 링의 셀 방식 아이디어를 받아들여 가입자 수를 획기적으로 늘리려면 연방통신위원회(FCC)로부터 새롭게 폭넓은 주파수 대역을 할당받아야 했는데, 기존에 많이 쓰이던 주파수 대역은 다양한 용도로 인해 이미 포화 상태였다. 현실적으로 FCC가 할당할 수 있는 주파수 대역은 수백 메가헤르츠(MHz) 이상의 고주파뿐이었다. (상업적 라디오나 텔레비전은 보통 수백 킬로헤르츠(KHz)에서 수십 메가헤르츠(MHz) 사이의 전파를 사용한다.) 고주파는 직진성이 강하고 장애물에 막히면 도달 거리가 짧아지는 특성이 있어 작은 구역 내에서만 작동해야 하는 셀 방식에 더 적합했다. 하지만 1940년대에는 이러한 고주파를 다루는 기술이 아직 초보적인 수준이었고, 고주파의 물리적 성질에 대한 과학적 이해도 충분히 이뤄지지 못한 상태였다. (고주파 기술은 이후 냉전 시기를 거치며 군사적 용도의 연구개발을 통해 빠른 속도로 발전한다.)

또 다른 기술적 이유는 셀 방식의 구현에 필요한 고속 스위칭 기술이 아직 존재하지 않았다는 데 있다. 이 점을 이해하려면 이동전화를 쓸 때 생길 수 있는 상황을 떠올려볼 필요가 있다. 이동전화 가입자가 자동차를 타고 통화를 하면서 (아래 그림에 나오는 것처럼) 여러 개의 셀을 관통해 지나간다고 가정해보자. 여기서 셀과 셀의 경계를 지나갈 때 어떤 일이 생길까? 먼저 이동전화에서 나오는 신호를 받는 기지국이 a에서 g로 이전되어야 할 것이고, 동시에 이웃한 셀들은 서로 다른 주파수를 쓰니까 통신에 쓰이는 주파수가 변경되어야 할 것이다. 이것을 전문 용어로 통화 핸드오버(call handover)라고 부르는데, 이를 위해서는 통화하는 사람의 위치를 실시간으로 추적하다가 셀과 셀의 경계를 넘어서는 순간 통화하는 사람이 눈치채지 못할 만큼 빠른 속도로 기지국과 주파수 변경을 해내야 한다. 만약 주어진 지역 내에 통화하는 사람이 수천 명이라면 그 모든 사람들

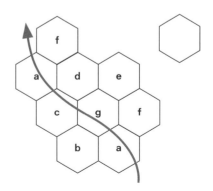

의 위치 추적과 기지국 및 주파수 변경이 동시에 이뤄져야 한다. 오늘날에는 이동통신 회사에 있는 대형 컴퓨터가 이 엄청난 과업을 담당한다. 하지만 1940년대 말의 컴퓨터는 이런 일을 해내기에 너무 느렸다. 링의 아이디어가 실현되기 위해서는 트랜지스터와 집적회로(IC)의 발명, 그리고 크기가 작아지고 속도가 빨라진 컴퓨터의 출현을 기다려야 했다.

하지만 이런 기술적 이유들이 이동전화의 대중화를 가로막은 유일한 걸림돌은 아니었다. 셀 방식의 도입이 늦어진 데는 20세기 중반의 위계적이고 시혜적인 매체 환경이라는 사회적 이유도 크게 작용했다. 쉽게 말해 전화와 같은 개인 통신 수단을 보는 시각이 오늘날과는 매우 달랐다는 것이다. 단적인 예로 1950년대에는 전 세계 거의 모든 국가의 우편, 전신, 전화 사업이 국가기관에 독점되어 있었다. (미국은 여기서 예외였지만, 대신 국가기관에 준하는 역할을 했던 AT&T 같은 독점 회사가 있었다.) 전화의 설치와 서비스의 제공은 우체국이나 체신부 같은 정부 관청이 담당했고, 심지어 가정이나 사무실에 설치된 전화기의 소유권도 국가에 있는 경우가 많았다. 전화 서비스는 개인이 선택권을 가지고 향유하는 것이라기보다는 국가가 '베푸는' 것을 감지덕지하며 사용하는 것에 가까웠다. 이러한 환경에서는 요즘과 같이 개인이 자신만의 이동식 통신 수단을 자유롭게 소유한다는 생각 자체를 떠올리기가 어려웠고, 얼마 안 되는 숫자의 이동전화는 예외적이고 특권적인 사치품으로 여겨지는 것이 보통이었다.

1958년 AT&T가 셀 방식 전화의 실험을 위해 800메가헤르츠 대역

세상을 바꾼 기술, 기술을 만든 사회

의 주파수를 FCC에 새로 요청했을 때, FCC가 미온적인 반응을 보인 것도 이런 이유 때문이었다. FCC는 AT&T의 요청에 아무런 답변도 하지 않은 채 무려 10년의 시간을 흘려보냈다. 그러다 기존 이동전화 주파수의 포화 상태가 도저히 참을 수 없는 지경에 이른 1968년경이 되어서야 AT&T의 요청을 재검토하기 시작했다. 그러는 동안 AT&T 는 1969년 초 뉴욕과 워싱턴을 잇는 메트로라이너 고속열차에 최초의 셀 방식 전화를 실험적으로 설치해 운용 결과를 지켜봤다. (이는 열차 선로를 따라서만 전화가 가능했기 때문에 2차원이 아닌 '1차원 셀 방식'에 해당한다.) 실험 결과가 만족스럽게 나오자 벨 연구소는 그동안 미발표 상태로 남아 있던 더글러스 링의 셀 방식 개념에 대한 특허를 1970년 에 출원했다. 아이디어 제시에서 특허 출원까지 꼬박 23년이 걸린 셈 이다.

FCC는 1974년에 이르러서야 앞으로 셀 방식 전화에 사용될 주파 수 대역을 지정했고, 1977년 봄에는 시카고 지역을 담당하는 AT&T 의 지역 자회사인 일리노이 벨(Illinois Bell Telephone Company)이 최 초의 셀 방식 전화 시스템을 설치할 수 있도록 사업 허가를 내주었다. 일리노이 벨은 1978년 말에 완전한 셀 방식 시스템에 대한 시험에 나 섰고, 5년간의 시험 가동을 거쳐 1983년 10월에 고등이동전화서비스 (Advanced Mobile Phone Service, AMPS)를 상업적으로 제공하기 시작 했다. 이는 미국 최초의 상용 셀 방식 전화 서비스였고, 역시 카폰 형 태로 제공되었다. 아날로그 방식을 채용한 AMPS는 나중에 '1G' 폰이 라고 불리게 되는 각국의 여러 서비스 중 하나가 되었다.

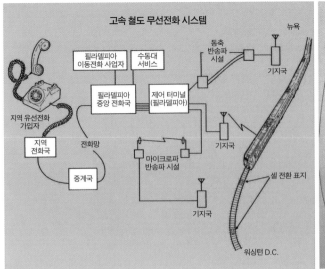

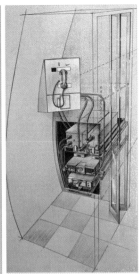

AT&T가 1969년에 메트로라이너 열차에 시범 설치한 최초의 셀 방식 전화 시스템(왼쪽)과 열차 내 이동전화 부스의 모습 (오른쪽).

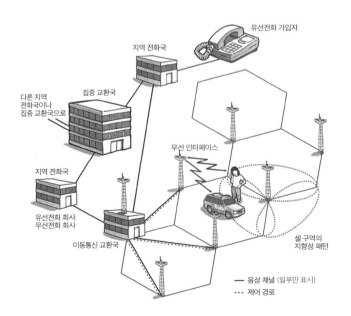

1983년에 상용 서비스가 시작된 AMPS의 시스템 구성도. 자동차의 카폰에서 나온 전파가 인근에 위치한 기지국 중 하나에 수신되고, 이것이 지상 선로를 따라 이동통신 교환국, 지역전화국을 차례로 거쳐 다른 전화 가입자와 연결된다.

모토로라와 휴대전화의 등장

지금까지 다룬 AT&T의 셀 방식 시도들은 모두 카폰을 기반으로 한 것이다. 그렇다면 자동차 트렁크에 싣는 육중한 장치가 아니라 개인이 손에 들고 다닐 수 있을 만큼 소형화된 장치, 즉 휴대전화(hand-held phone)는 언제 어떻게 처음 등장했을까? 최초의 휴대전화라고 부를 만한 제품이 등장한 때는 1973년이었는데, 여기서는 1930년대 이후 무선통신 장비 생산을 선도해온 모토로라가 중요한 역할을 했다.

모토로라는 1940년대 말부터 AT&T의 MTS 시스템에 쓰이는 장비 대부분을 공급해왔다. 그러나 MTS의 수요가 크지 않았기 때문에 모토로라의 주요 사업 분야는 여전히 경찰서나 소방서, 택시 회사, 각종 유지보수 차량(전기, 가스, 수도, 통신 등) 등에 쓰이는 긴급 무선 시스템을 생산하는 것이었다. 그런데 1960년대 말부터 AT&T가 MTS 시스템을 넘어서 새로운 셀 방식 이동전화 시장에 뛰어들 준비를 하자 모토로라는 점차 불안감을 느끼게 됐다. 만약 셀 방식이 실용화되어 이동전화에 가입할 수 있는 사람의 수가 크게 늘면, 그동안 모토로라가 공급해온 긴급 무선 시장을 이동전화가 대체해버릴 수 있었다.

이에 따라 모토로라는 AT&T와는 조금 다른 900메가헤르츠 대역에서 자체적인 셀 방식 시스템을 개발하기 시작했다. 그러나 모토로라가 셀 방식 시장에 끼어들기 위해서는 자체 시스템을 갖는 것만으로는 부족했다. FCC가 셀 방식 이동전화에 필요한 주파수 대역을 모두 AT&T에 할당해버리면 AT&T가 사실상 셀 방식 이동전화 사업을 독

1973년 4월의 시연 행사에서 모토로라 부회장 존 미첼이 다이나택 휴대전화 시제품을 뉴욕의 길거리에서 사용하는 모습.

다이나택을 표지에 내세운 잡지 《파퓰러 사이언스》 1973년 7월호.

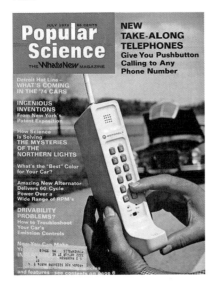

점하게 되어 사업 기반 자체가 사라질 수 있었다. 모토로라로서는 FCC에 자신들의 존재를 어필할 수 있고, 자사가 보유한 기술력을 과시할 수 있는 극적인 계기가 필요했다. 모토로라의 경영진은 그 계기가 소형화된 휴대용 전화의 개발에 있다고 생각했다.

모토로라는 1972년 말부터 카폰에 들어가는 장비들을 크게 축소한 형태로 집어넣어 한 손에 들 수 있는 휴대용 셀 방식 전화의 시제품 제작에 착수했다. 이듬해 5월에 AT&T의 주파수 요청 건을 다루는 FCC의 청문회가 열릴 예정이어서 시일이 촉박한 상황이었다. 모토로라의 엔지니어들은 불과 3개월여 만에 다이나택(DynaTAC)이라는 이름을 붙인 시제품을 완성했고, 1973년 4월 3일에 뉴욕의 힐튼 호텔에 모인 언론사 기자들 앞에서 공개했다. 다이나택은 무게가 1.3킬로그램이나 나갔고 흔히

세상을 바꾼 기술, 기술을 만든 사회

'벽돌폰'으로 불릴 정도로 부피가 컸다. 하지만 언론은 호텔 방뿐 아니라 길거리에서도 통화가 가능한 휴대용 전화의 등장에 크게 열광했다. 이로써 모토로라가 애초에 의도했던 선전 효과를 톡톡히 달성할 수 있었다.

모토로라는 AT&T보다 한 달 뒤인 1983년 11월에 워싱턴 D.C.와 볼티모어에서 독자적으로 개발한 셀 방식 이동전화 서비스를 제공하기 시작했고, 이듬해에는 이 시스템과 호환되는 상용 휴대전화인 다이나택 8000X를 시판했다. 여전히 무게가 1킬로그램에 달할 정도로 무거웠고 3,995달러라는 비싼 가격 탓에 카폰을 대신해 널리 쓰이지는 못했지만, 이후 오늘날의 휴대전화로 이어지는 첫걸음이 되었다. 1990년대 초에 기존의 니켈-카드뮴 전지를 대체해 오늘날 널리 쓰이는 리튬이온 전지가 도입되면서 휴대전화는 많이 가벼워지고 소형화될 수 있었고, 비로소 우리가 아는 것과 비슷한 휴대전화 모델들이 등장하기 시작했다.

1984년부터 시판된 최초의 상용 휴대전화 다이나택 8000X.

디지털화(2G)와 예상치 못한 결과

1983년에 상용 서비스가 시작된 1G 이동전화는 불과 몇 년 만에 엄청난 압박에 시달리게 됐다. 애초 예상했던 것에 비해 가입자 수가 너무 빨리 늘어나는 바람에 다시 한 번 통화 용량 부족 사태가 빚어졌기 때문이다. 사실 AT&T는 셀 방식 전화 실용화를 앞둔 1980년에 투자 자문회사인 매킨지 사에 2000년까지 셀 방식 전화의 수요가 얼마나 될지 예측해 보도록 의뢰했었다. 당시 미국에서 (대부분 낡은 MTS 방식의) 이동전화 가입자는 대략 12만 명이었는데, 매킨지는 셀 방식 전환으로 가입자 추가 유치가 가능해져 2000년까지 이동전화 가입자가 90만 명으로 늘어날 것으로 내다봤다. 그러나 이 수치는 이동전화에 대한 사람들의 열망을 터무니없이 과소평가한 것이었다. 미국의 이동전화 가입자는 1987년에 이미 100만 명을 넘었고, 1992년에 1,000만 명, 2000년에는 1억 명을 돌파했다. 결과적으로 매킨지의 예측은 무려 120배나 빗나간 셈이다. 1980년대 말이 되면서 이동전화 회사들은 애초에 그처럼 많은 가입자와 통화량을 감당하도록 설계되지 않은 네트워크를 가지고 악전고투해야 했고, 가입자들은 통화중신호음이 계속 울리거나 통화가 중간에 끊기는 일이 잦다며 불만을 토로했다.

이러한 통화 용량의 압박이 아날로그 방식에서 디지털 방식으로의 전환을 앞당겼다. 아날로그 방식은 음성과 같은 연속적인 신호를 그대로 전파에 실어 보내는 반면, 디지털 방식은 샘플링(sampling)이라는 과정을 통해 아날로그 신호에서 일정한 간격으로 숫자를 뽑아낸 후 이를 0과 1로 이뤄진 디지털 신호로 바꿔 전송한다. 디지털 방식은 아날로그 방식에 비해 여러 가지 장점이 있는데, 그중 이동통신 회사들에게 가장 중요했던 것은 디지털 방식이 전송 효율을 높여준다는 점이었다. 디지털로 변환된 신호는 (마치 컴퓨터 파일을 압축해 용량을 줄이듯) 압축

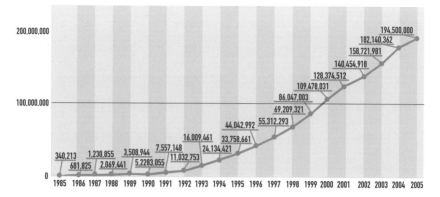

																				194,500,000
200,000,000																		182,140,362	
																158,721,981			
														140,454,918					
													128,374,512						
												109,478,031							
100,000,000											86,047,003								
									69,209,321										
								55,312,293											
						44,042,992	33,758,661												
					16,009,461	24,134,421													
			7,557,148	11,032,753															
340,213	1,230,855	3,508,944	5,2283,055																
681,825	2,069,441	5,2283,055																	
0																				
1985 1986 1987 1988 1989 1990 1991 1992 1993 1994 1995 1996 1997 1998 1999 2000 2001 2002 2003 2004 2005

미국의 셀 방식 이동전화 가입자 추이.

을 통해 전송할 데이터의 양을 줄일 수 있었다. 그리고 디지털 방식에서는 하나의 주파수로 여러 개의 신호를 보내는 다중전송(multiplexing)이 가능하다는 장점도 있었다.

다중전송에는 몇 가지 방법이 있는데, 먼저 시분할 다중접속(time division multiple access, TDMA) 방식은 하나의 주파수에 여러 개의 통화를 정확한 간격으로 나누어 번갈아 집어넣어 전송한다. 반면 미국의 군사위성 회사인 퀄컴(Qualcomm)이 개척한 코드분할 다중접속(code divison multiple access, CDMA) 방식은 음성 신호를 조각내어 각각의 조각에 코드와 시간 표식을 붙인 후 이를 여러 개의 주파수에 실어 전송하는 방식을 택했다. 그러면 수신자의 휴대전화는 여러 개의 주파수에 나뉘어 자신에게 전송된 조각들을 모아 시간순으로 정렬한 후 원래의 신호를 복원했다. 이런 특성 때문에 CDMA 방식에서는 이웃한 셀들 사이에 반드시 서로 다른 주파수를 사용할 필요도 없었고, 이에 따라 동시 접속 가능한 사람의 수를 훨씬 많이 늘릴 수 있었다. 미국에서는 1989년에 TDMA 방식이 채택되어 디지털로의 전환이 시작되었고, 퀄컴의 CDMA 방식은 그보다 늦은 1995년에 상용 서비스가 시작됐다. 이로써 디지털 이동전화, 즉 '2G'폰의 시대가 막을 올렸다.

디지털로의 전환은 흔한 오해와 달리 통화 품질의 향상이 아니라
─사실 아날로그에서 디지털로 넘어가면서 비좁은 대역에 많은 통화
들을 우겨넣다 보니 초기에는 통화 품질이 더 나빠졌다─일차적으로
가입자 수와 통화량 폭증에 대응하기 위한 것이었지만, 그 과정에서
오늘날 우리가 누리는 휴대전화 문화로 변화하는 중요한 첫걸음을 내
디뎠다. 휴대전화가 음성 신호뿐 아니라 데이터 통신의 수단으로 활
용되기 시작한 것이다. 일단 0과 1의 디지털 신호로 바꿔놓고 나면 음
성 신호와 문자, 음악, 사진, 동영상 등의 데이터 사이에는 아무런 차이
점도 없기 때문에 휴대전화 네트워크를 통해 그런 데이터를 주고받는
것이 가능해진다. 이후 전송 속도가 더 빨라진 3G, 4G 네트워크가 나
오면서 데이터를 주고받는 일이 더 용이해졌고, 요즘의 '스마트폰'은
음성 신호 전달(통화)보다는 그처럼 다양한 데이터를 주고받는 용도
로 더 많이 활용된다. 이는 애초 디지털화를 추진했던 사람들이 미처
내다보지 못했던 결과이다.

그림 출전

―――――

| 1. 인쇄술, 지식 문화를 바꾸다 |

- 13쪽. https://commons.wikimedia.org/wiki/File:Hardham_-_Chancel_arch.jpg
- 14쪽 위. https://commons.wikimedia.org/wiki/File:Jean_Mi%C3%A9lot,_Brussels.jpg
- 14쪽 아래. https://s-media-cache-ak0.pinimg.com/originals/9b/8d/2b/9b8d2b7b 20f72981579ed82f36d8fcac.jpg
- 16쪽. https://medievalfragments.files.wordpress.com/2013/05/tumblr_ lzi6nnaux61qfg4oyo1_1280.jpg
- 18쪽 위. https://hernironworks.com/wp-content/uploads/2015/06/The_Caxton_ Celebration_-_William_Caxton_showing_specimens_of_his_printing_to_King_ Edward_IV_and_his_Queen.jpg
- 18쪽 아래. http://www.gutenbergdigital.de/gudi/galerie/bibelsei/bibel_l/001r1l.jpg
- 20쪽 위. http://www.socialstudiesforkids.com/graphics/gutenbergbiblepage.jpg
- 20쪽 아래. http://www.gutenbergdigital.de/gudi/eframes/texte/framere/drkort. htm
- 23쪽. https://www.metmuseum.org/toah/images/hb/hb_34.30(5).jpg
- 25쪽. http://ghk.h-cdn.co/assets/15/43/1600x800/landscape-1445438289-rare- wicked-bible.jpg
- 26쪽. https://commons.wikimedia.org/wiki/File:Skeleton,_14th_century._ Wellcome_M0000410.jpg
- 28쪽 위. https://sharonlacey.files.wordpress.com/2012/05/vesalius_fabrica_p184.jpg
- 28쪽 아래. http://www.bl.uk/onlinegallery/ttp/vesalius/accessible/images/ page12full.jpg
- 30쪽. http://thehundredbooks.com/copernicus.jpg

| 2. 산업혁명, 공장제의 출현과 노동의 변화 |

- 36쪽 왼쪽. https://commons.wikimedia.org/wiki/File:Thomas_Robert_Malthus_

Wellcome_L0069037_-crop.jpg
- 36쪽 오른쪽. https://commons.wikimedia.org/wiki/File:Malthus_-_Essay_on_the_principle_of_population,_1826_-_5884843.tif
- 39쪽 위. https://commons.wikimedia.org/wiki/File:Spinning_and_carding_wool_-_The_costume_of_Yorkshire_(1814),_plate_XXIX,_opposite_69_-_BL.jpg
- 39쪽 아래. https://janeaustensworld.files.wordpress.com/2011/08/handloom-weaver-1888.jpg
- 40쪽 위. http://media1.britannica.com/eb-media/08/166108-004-081E2E4F.jpg
- 40쪽 중간. http://www.mainlesson.com/books/bachman/inventors/zpage097.gif
- 40쪽 아래. http://www.newlanark.org/uploads/image/Cromptons%20mule.jpg
- 42쪽 아래. https://commons.wikimedia.org/wiki/File:Mule_spinning_Wellcome_L0011292.jpg
- 42쪽 아래. https://commons.wikimedia.org/wiki/File:Power_loom_weaving._Wellcome_L0011293.jpg
- 44쪽. https://s3-eu-west-1.amazonaws.com/smgco-images/images/43/637/large_2000_1076.jpg
- 45쪽. http://spartacus-educational.com/TexDom.jpg
- 46쪽. https://gallowayapworld.files.wordpress.com/2014/10/domestic-system.jpg
- 49쪽. http://2.bp.blogspot.com/-4vZdDm4YvrY/VohW5NsMOWI/AAAAAAAADB0/czgnLRu1UOI/s1600/1958-133-147-pma.jpg
- 50쪽. https://commons.wikimedia.org/wiki/File:Cromford_1771_mill.jpg
- 53쪽. http://spartacus-educational.com/IRworkhouse.IR.JPG
- 54쪽. https://commons.wikimedia.org/wiki/File:Carding,_drawing_and_roving._Wellcome_L0011291.jpg
- 55쪽. http://i0.wp.com/www.cubebreaker.com/wp-content/uploads/2014/03/childlabor-11.png

| 3. 제임스 와트, 증기기관과 국가적 영웅의 보수성 |

- 59쪽 위. https://smgco-images.s3.amazonaws.com/media/W/P/A/large_1992_0163.jpg
- 59쪽 아래. https://commons.wikimedia.org/wiki/File:Aeolipile_illustration.png
- 61쪽. https://commons.wikimedia.org/wiki/File:Savery's_Steam-Engine_from_Farey-Plate01cut3.jpg

· 62쪽. https://4.bp.blogspot.com/-v117-D9pu24/WvtKYeKs89I/AAAAAAAAF
zA/2ZcekPkaxZY5449NKd33XX388VNqv3CBQCLcBGAs/s1600/Newcomen-
large_1930_0785.jpg
· 65쪽. https://commons.wikimedia.org/wiki/File:Newcomen_steam_engine.jpg
· 66쪽. https://everipedia-storage.s3.amazonaws.com/NewlinkFiles/
4721131/25674364.jpg
· 68쪽. https://smgco-images.s3.amazonaws.com/media/W/P/A/large_1897_0123.jpg
· 72쪽 위. https://commons.wikimedia.org/wiki/File:Albion_Flour_Mills_Bankside.jpg
· 72쪽 아래. https://www.uh.edu/engines/watt2.gif
· 77쪽 위. https://commons.wikimedia.org/wiki/File:Thinktank_Birmingham_-_
object_1951S00088.00008(1).jpg
· 77쪽 아래. https://www.uh.edu/engines/compoundsteamengine.jpg
· 78쪽. https://books.google.co.kr/books?id=8KpgAAAAcAAJ&printsec=frontcover
&hl=ko&source=gbs_ge_summary_r&cad=0#v=onepage&q&f=false
· 79쪽. https://lguariento.github.io/Engineering-the-Future/images/02.jpg
· 80쪽 위. https://mfas3.s3.amazonaws.com/objects/SC226700.jpg
· 80쪽 아래. https://commons.wikimedia.org/wiki/File:Boulton,_Watt_and_Murdoch_
statue_from_Library_of_Birmingham.jpg

| 4. 철도, 운송혁명과 국민국가 건설에 이바지하다 |

· 85쪽. https://commons.wikimedia.org/wiki/File:Leitnagel_Hund_(Mining_cart).png
· 86쪽 위. https://commons.wikimedia.org/wiki/File:Coalbrookdale_loco.jpg
· 86쪽 아래. https://s3-eu-west-1.amazonaws.com/smgco-images/
images/222/748/large_1973_0336__0001_.jpg
· 88쪽 왼쪽. https://commons.wikimedia.org/wiki/File:Blenkinsop's_rack_
locomotive,_1812_(British_Railway_Locomotives_1803-1853).jpg
· 88쪽 오른쪽. https://www.gracesguide.co.uk/images/8/8e/Im1923TimHack-
BruntonsTrav.jpg
· 90쪽. https://images.fineartamerica.com/images-medium-large-5/stephensons-
rocket-1829-granger.jpg
· 94쪽. https://www.challenger.com/wp-content/uploads/2016/04/rates-of-
travel-1800-57.jpg
· 96-97쪽. https://commons.wikimedia.org/wiki/File:The_First_Railroad_Train_on_

the_Mohawk_and_Hudson_River,_by_Edward_Lamson_Henry,_1892-1893,_oil_on_
canvas,_(official_opening_of_Albany-Schenectady_on_Sep_24,_1831)_-_Albany_
Institute_of_History_and_Art_-_DSC08112.JPG

· 98쪽 위. http://cprr.org/Museum/images/I_ACCEPT_the_User_Agreement/maps/
AAR_map_01.jpg

· 98쪽 아래. http://cprr.org/Museum/images/I_ACCEPT_the_User_Agreement/
maps/AAR_map_02.jpg

· 101쪽. https://commons.wikimedia.org/wiki/File:Grand_Central_Terminal_Station,_
New_York_City_-_R-41093.jpg

· 103쪽. John F. Stover, *The Routledge Historical Atlas of the American Railroads*
(London: Routledge, 1999), p. 27.

· 104쪽. https://commons.wikimedia.org/wiki/File:Frederick_Burr_Opper,_Let_
Them_Have_It_All_And_Be_Done_With_It!_1882_Cornell_CUL_PJM_1092_01.jpg

· 105쪽. John F. Stover, *The Routledge Historical Atlas of the American Railroads*
(London: Routledge, 1999), p. 51.

· 106쪽. https://images-na.ssl-images-amazon.com/images/I/81e8E1UidjL._
SY958_.jpg

· 109쪽. https://www.themaparchive.com/standard-time-zones-1883.html

· 114쪽 위. https://imagehost.vendio.com/preview/ha/haats/HW1867P564887.jpg

· 114쪽 아래. http://collections.museumca.org/?q=system/files/imagecache/2000_
wide/H69.459.1916_13AR_3605_F2.jpg

· 115쪽. https://psmag.com/.image/t_share/MTU0NTEwNzY4NTI2NTk5NzMx/02-
building-railroad-library-of-congress-768x799.jpg

· 116쪽 위. https://commons.wikimedia.org/wiki/File:East_and_West_Shaking_
hands_at_the_laying_of_last_rail_Union_Pacific_Railroad_-_Restoration.jpg

· 116쪽 아래. https://railroad.lindahall.org/siteart/essays/PRSmap1000.jpg

| 5. 전신과 전화, 네트워크사회의 문을 열다 |

· 121쪽 왼쪽. https://commons.wikimedia.org/wiki/File:Rees's_Cyclopaedia_
Chappe_telegraph.png

· 121쪽 오른쪽. http://www.mediamediums.net/tempImages/jlb.jpg

· 122쪽. https://people.seas.harvard.edu/~jones/cscie129/images/history/carte_g.gif

· 123쪽. https://blog.sciencemuseum.org.uk/wp-content/uploads/2014/10/Oneof-the-sheets-of-drawings-accompanying-Cooke-and-Wheatstone's-1837-patent1.jpg

· 125쪽 위. https://userscontent2.emaze.com/images/47a9d7ca-4421-4298-b2b0-3be4feb637f7/a839347b-7d8f-4495-a81e-472d2ee06816.jpg

· 125쪽 중간. https://www.offgridweb.com/wp-content/uploads/2016/01/Learn-morse-code-alphabet.jpg

· 125쪽 아래. http://ids.si.edu/ids/deliveryService?id=NMAH-2006-10282

· 128쪽. https://commons.wikimedia.org/wiki/File:American_Progress_(John_Gast_painting).jpg

· 130-131쪽 위. https://commons.wikimedia.org/wiki/File:Pony_Express_Map_William_Henry_Jackson.jpg

· 130-131쪽 아래. https://commons.wikimedia.org/wiki/File:The_Overland_Pony_Express.jpg

· 132쪽. http://atlantic-cable.com/Article/1858Leslies/0821f.jp

· 133쪽. https://commons.wikimedia.org/wiki/File:Sarawak;_four_Kayan_natives_collecting_gutta_percha_from_a_t_Wellcome_V0037406.jpg

· 134쪽 위. http://atlantic-cable.com/Cables/1857-58Atlantic/Niagara.jpg

· 134쪽 아래. http://atlantic-cable.com/Article/Lanello/1858Cable.jpg

· 135쪽. http://boweryboyshistory.com/wp-content/uploads/2014/07/21.jpg

· 136쪽 위. http://atlantic-cable.com/Article/1858Leslies/0828a.jpg

· 136쪽 아래. http://atlantic-cable.com/Ephemera/Broadsides/1858-Baker-Laying-of-the-Cable.jpg

· 137쪽. http://atlantic-cable.com/Ephemera/Broadsides/1866-EighthWonder-LoC.jpg

· 141쪽 왼쪽. https://s-media-cache-ak0.pinimg.com/564x/8c/4a/8d/8c4a8dc8f175cae3643462118e329a85.jpg

· 141쪽 오른쪽. https://media.novinky.cz/412/534124-original1-zar59.jpg

· 142쪽. https://i2.wp.com/www.bookofdaystales.com/wp-content/uploads/2016/03/agb1.jpg

· 144쪽. http://1.bp.blogspot.com/-wQsoPruCsJQ/VnBEZprw8uI/AAAAAAAAKLM/ZdFeuLsSPQU/s1600/Telephone,Switchboard,Operators,in,the,Past,(28).jpg

· 145쪽 위. https://commons.wikimedia.org/wiki/File:IllinoisTunnelAdNews.png

· 145쪽 아래. https://cdn-images-1.medium.com/max/800/1*d5QrDOQmT1-28FEqJg9SrA.jpeg

· 146쪽. Roland Marchand, *Advertising the American Dream: Making Way for Modernity, 1920-1940* (Berkeley: University of California Press, 1985), p. 239.

· 146쪽. Claude S. Fischer, *America Calling: A Social History of the Telephone to 1940* (Berkeley: University of California Press, 1992), p. 158, 159, 164.

· 149쪽. Roland Marchand, *Advertising the American Dream: Making Way for Modernity, 1920-1940* (Berkeley: University of California Press, 1985), p. 119.

· 149쪽. Claude S. Fischer, *America Calling: A Social History of the Telephone to 1940* (Berkeley: University of California Press, 1992), p. 161.

· 152-153쪽. http://submarine-cable-map-2016.telegeography.com/

· 154쪽 위. http://atlantic-cable.com/Maps/1870BICableMap.jpg

· 154쪽 아래. http://atlantic-cable.com/Maps/1901EasternTelegraph.jpg

| 6. 토머스 에디슨, 천재 발명가의 성공과 실패 |

· 159쪽. http://sites.rootsweb.com/~miporthu/People/YoungTomEdison_Rooney_MrsEdison.jpg

· 160쪽 위. https://commons.wikimedia.org/wiki/File:Edison_and_phonograph_edit1.jpg

· 160쪽 아래. https://pbs.twimg.com/media/DEptvznU0AE_1vX.jpg

· 162쪽. http://www.edisonmuckers.org/wp-content/uploads/2011/02/Early-Light-Bulb.jpg

· 163쪽. https://edison.rutgers.edu/mp16u.jpg

· 164쪽 위. http://edison.rutgers.edu/yearofinno/nov13/MPshop.jpg

· 164쪽 아래. http://edison.rutgers.edu/yearofinno/nov13/mpstaffsteps.jpg

· 166쪽. http://madeupinbritain.uk/britimages/Joseph_Wilson_Swan_2.jpg

· 168쪽. http://dsg.files.app.content.prod.s3.amazonaws.com/gereports/wp-content/uploads/2016/01/20200045/1882-Pearl-Street-Station-Dynamo.jpg

· 170쪽. https://commons.wikimedia.org/wiki/File:Laying_electric_lines_under_street_Edison_Pearl_Street_Utility_June_21_1882_Harpers_Weekly.png

· 174쪽. https://www.nps.gov/edis/images/ore-seperating-scketch.png

· 176쪽 위. https://commons.wikimedia.org/wiki/File:EdisonOreMilling-Ogden.jpg

· 176쪽 아래. https://www.nps.gov/common/uploads/photogallery/ner/park/edis/B80DABA4-155D-451F-674828E04145E439/B80DABA4-155D-451F-674828E04145E439.jpg

· 177쪽. https://www.nps.gov/common/uploads/photogallery/ner/park/edis/284A2B39-155D-451F-6738119B1E76200C/284A2B39-155D-451F-

세상을 바꾼 기술, 기술을 만든 사회

6738119B1E76200C-large.jpg

- 179쪽. http://farm4.static.flickr.com/3024/2761850794_43a0936968_b.jpg
- 180쪽 위. https://www.nps.gov/common/uploads/photogallery/ner/park/
  edis/2C5B8484-155D-451F-6773B4D60CE6FD08/2C5B8484-155D-451F-
  6773B4D60CE6FD08-large.jpg
- 180쪽 중간(왼쪽). https://s-media-cache-ak0.pinimg.com/564x/16/91/31/16913
  17733fb81432c6c6486360eb5bd.jpg
- 180쪽 중간(오른쪽). https://s-media-cache-ak0.pinimg.com/564x/13/39/c0/133
  9c06a0b866e3a75b06208679e15e0.jpg
- 180쪽 아래. https://www.bigforestacadapter.com/wp-content/uploads/2017/03/
  edison-concrete-phonograph.jpg

| 7. 테일러주의, 인간을 '시스템'의 일부로 만들다 |

- 183쪽. http://explorepahistory.com/kora/files/1/2/1-2-D72-25-
  ExplorePAHistory-a0j8p9-a_349.jpg
- 187쪽. https://commons.wikimedia.org/wiki/File:Midvale_Steel_Works_Aerial_
  View,_1879.jpg
- 188쪽 위. https://thm-monocle-interactive.s3.amazonaws.com/MKtv3hM9nh/
  14771568834_d4940dab6e_b.jpg
- 188쪽 아래. Joseph Gies, "Automating the Worker," *American Heritage of Invention
  & Technology*, Vol. 6, No. 3 (Winter 1991), p. 61.
- 189쪽. Robert Kanigel, *The One Best Way: Frederick Winslow Taylor and the
  Enigma of Efficiency* (New York: Penguin Books, 1997), photo inserts.
- 190쪽. https://commons.wikimedia.org/wiki/File:Musterarbeitsplatz.png
- 194쪽 위. https://commons.wikimedia.org/wiki/File:The_Principles_of_Scientific_
  Management,_title_page.jpg
- 194쪽 아래. http://explorepahistory.com/kora/files/1/2/1-2-D73-25-
  ExplorePAHistory-a0j8q0-a_349.jpg
- 196쪽 위. Joseph Gies, "Automating the Worker," *American Heritage of Invention &
  Technology*, Vol. 6, No. 3 (Winter 1991), p. 59.
- 196쪽 아래. https://csdl-images.computer.org/trans/sc/2015/06/figures/
  damia2-2493732.gif
- 199쪽. https://images-na.ssl-images-amazon.com/images/I/71E0+wbG8iL.jpg

- 202쪽. Robert Kanigel, *The One Best Way: Frederick Winslow Taylor and the Enigma of Efficiency* (New York: Penguin Books, 1997), photo inserts.
- 204쪽. Robert Kanigel, *The One Best Way: Frederick Winslow Taylor and the Enigma of Efficiency* (New York: Penguin Books, 1997), photo inserts.
- 206쪽 위. 토머스 휴즈, 『현대 미국의 기원 2』(나남출판, 2017), p. 67.
- 206쪽 아래. https://binghamtonarthistory.files.wordpress.com/2014/09/frank-gilbreth-motion-study-1913.jpg
- 207쪽. http://i.ebayimg.com/images/i/391001712459-0-1/s-l1000.jpg

| 8. 포드주의, 대량생산−소비 사회가 도래하다 |

- 210쪽. https://i.pinimg.com/originals/ce/87/b8/ce87b8a762ad762fce0e3024d33f1e3c.jpg
- 211쪽. https://static.carfromjapan.com/wp-content/uploads/2019/06/2-6.jpg
- 212쪽 위. https://mercedesbenzblogphotodb.files.wordpress.com/2009/09/daimler-wire-wheel-car-4.jpg
- 212쪽 아래. http://3bv8x43y68hc448rg43goku7yq-wpengine.netdna-ssl.com/media/2013/10/Daimler-35-hp-Mercedes.jpg
- 214쪽. http://ids.si.edu/ids/deliveryService?&id=SIA-91-3698
- 216쪽 위. https://commons.wikimedia.org/wiki/File:FordQuadricycle.jpg
- 216쪽 아래. http://www.american-automobiles.com/Ford/1906-Ford.jpg
- 218쪽 위. http://thepandorasociety.com/wp-content/uploads/2014/08/1908-ford-model-t-photo-338173-s-1280x782.jpg
- 218쪽 아래. http://www.pathofkahn.com/wp-content/uploads/2014/08/132.jpg
- 220쪽. https://www.componentsonly.com.au/assets/img/blog/ford-plant-postcard/ford-plant-postcards-circa-1917-card-7.jpg
- 221쪽. http://d254andzyoxz3f.cloudfront.net/fordassemblyline_hero.jpg
- 222쪽 위. https://media.ford.com/content/fordmedia/fna/us/en/features/game-changer--100th-anniversary-of-the-moving-assembly-line/jcr:content/par/image_71f.img.jpg
- 222쪽 아래. https://www.jalopyjournal.com/wp-content/uploads/2012/07/4973988665_b1f1e6a537_b.jpg
- 225쪽. https://emhs.org.au/files/images/content/1925_Philadelphia_Atwater_Kent_radio_set_assembly.jpg

· 226-227쪽. https://rochemamabolo.files.wordpress.com/2018/07/ford.jpg
· 226쪽. https://detroitdecadence.files.wordpress.com/2012/10/ford-english-school-established-everett.jpg
· 231쪽 위. https://artsandculture.google.com/asset/newspaper-article-henry-ford-gives-10-000-000-in-1914-profits-to-his-employes/rAFBTv8vSNj4vQ
· 231쪽 아래. https://media3.s-nbcnews.com/j/streams/2013/august/130820/6c8689558-ford-highland-park-plant.nbcnews-ux-2880-1000.jpg

| 9. 포스트포드주의, '노동의 인간화'를 꿈꾸다 |

· 237쪽. https://dr1ven.files.wordpress.com/2012/11/kljhblkjh.jpg
· 238쪽 위. https://commons.wikimedia.org/wiki/File:1924_Chevrolet_Truck.jpg
· 238쪽 중간. https://commons.wikimedia.org/wiki/File:Buick_Master_50_55_Sport_Touring_1923.jpg
· 238쪽 아래. https://commons.wikimedia.org/wiki/File:1921_Cadillac_Suburban.jpg
· 241쪽. https://vignette.wikia.nocookie.net/chevyvega/images/9/99/Lordstown_Assembly_Final_Vega_Line.jpg
· 243쪽. http://img.worldinmfg.com/photo/product/98e758ab02229f05c2736602c9ab72cf/straight-side-deep-drawing-hydraulic-press-stamping-line.jpg
· 245쪽 위. https://image.slidesharecdn.com/om-150830140656-lva1-app6892/95/the-toyota-way-toyota-production-system-operations-management-27-638.jpg
· 245쪽 중간. https://www.researchgate.net/profile/Yakup_Kara/publication/232925263/figure/fig1/AS:393459346231322@1470819426621/Figure-1-An-example-of-a-U-shaped-assembly-line.png
· 245쪽 아래. https://images-na.ssl-images-amazon.com/images/I/51K0gkP+rvL._SX322_BO1,204,203,200_.jpg
· 247쪽. https://images-na.ssl-images-amazon.com/images/I/81IbM8Fy5cL.jpg
· 251쪽. https://www.researchgate.net/profile/Siavash_Khajavi/publication/300564343/figure/fig1/AS:351126823161859@1460726567025/Fig1-Volvo-Kalmar-plant-layout.jpg
· 252쪽 위. http://cdn1.mestmotor.se/cc336835f8deb54dee095e09d002442316aa4f15
· 252쪽 아래. Åke Sandberg (ed.), *Enriching Production: Perspectives on Volvo's*

Uddevalla Plant as an Alternative to Lean Production (Aldershot: Avebury, 1994), p. 46.

· 253쪽. Åke Sandberg (ed.), *Enriching Production: Perspectives on Volvo's Uddevalla Plant as an Alternative to Lean Production* (Aldershot: Avebury, 1994), p. 52.

| 10. 휴대전화, 모바일 세상의 필수 품목이 되다 |

· 259쪽. http://www.lavocedinewyork.com/wp-content/uploads/oldmedia/0007/file-07369-media.jpg
· 261쪽. http://engineeringhistory.tumblr.com/image/65334532110
· 262쪽. http://3.bp.blogspot.com/--efX4KXpyHA/VacMrK_nHXI/AAAAAAAAAGY/hoFCai-kIlc/s1600/first,pd,car.tiff
· 263쪽 위. http://blog.retevis.com/wp-content/uploads/2016/08/walkie-talkie-history3.jpg
· 263쪽 아래(왼쪽). http://45.55.122.135/wp-content/uploads/2015/11/tumblr_inline_nxnsz10zqq1tdq6tf_1280.jpg
· 263쪽 아래(오른쪽). https://commons.wikimedia.org/wiki/File:Portable_radio_SCR536.png
· 265쪽. https://cdn.cultofmac.com/wp-content/uploads/2015/08/car_phones006.jpg
· 267쪽. http://www.wb6nvh.com/MTSfiles/MTSMAP1a.jpg
· 269쪽 위. http://www.ccs.neu.edu/home/futrelle/teaching/com1204sp2001/Farley/IMTS0000.gif
· 269쪽 아래. https://commons.wikimedia.org/wiki/File:Frequency_reuse.svg
· 274쪽 위(왼쪽). http://long-lines.net/tech-equip/mobile/BLR0369/078.html
· 274쪽 위(오른쪽). http://long-lines.net/tech-equip/mobile/BLR0369/080.html
· 274쪽 아래. Gordon A. Gow and Richard K. Smith, *Mobile and Wireless Communications: An Introduction* (Berkshire: Open University Press, 2006), p. 29.
· 276쪽 위. https://d.ibtimes.co.uk/en/full/358807/motorola-vice-president-john-f-mitchell-shows-off-dynatac-portable-radio-telephone-new-york.jpg
· 276쪽 아래. http://www.meremart.com/image/cache/covers/Popular_Science_Magazine_July_1973-2014_05_15_16_42_27-1000x1400.jpg
· 277쪽. https://commons.wikimedia.org/wiki/File:DynaTAC8000X.jpg
· 279쪽. Tom Farley, "The Cell-Phone Revolution," *American Heritage of Invention & Technology*, Vol. 22, No. 3 (Winter 2007), p. 18.

참고문헌

| 1. 인쇄술, 지식 문화를 바꾸다 |

· 로널드 디버트,『커뮤니케이션과 세계질서』(나남출판, 2006).
· 소피 카사뉴-브루케,『세상은 한 권의 책이었다』(마티, 2013).
· 엘리자베스 아이젠슈타인,『근대 유럽의 인쇄 미디어 혁명』(커뮤니케이션북스, 2008).
· 제임스 버크,『우주가 바뀌던 날 그들은 무엇을 했나』(궁리, 2010).
· 존 맨,『구텐베르크 혁명』(예지, 2003).
· 존 헨리,『서양과학사상사』(책과함께, 2013).
· Donald Cardwell, *The Norton History of Technology* (New York: W. W. Norton, 1994).
· James A. Dewar, "The Information Age and the Printing Press: Looking Backward to See Ahead"(1998). [https://www.rand.org/pubs/papers/P8014/index2.html]
· Rudi Volti, *Society and Technological Change*, 7th ed. (New York: Worth Publishers, 2014).
· http://www.gutenbergdigital.de/gudi/eframes/texte/inhalt.htm

| 2. 산업혁명, 공장제의 출현과 노동의 변화 |

· 로버트 C. 앨런,『세계경제사』(교유서가, 2017).
· 배영수 엮음,『서양사강의』(개정판, 한울아카데미, 2000).
· 뽈 망뚜,『산업혁명사 上·下』(창작과비평사, 1987).
· 양동휴 외,『산업혁명과 기계문명』(서울대학교출판부, 1997).
· 윌리엄 로젠,『역사를 만든 위대한 아이디어』(21세기북스, 2011).
· 이영석,『역사가가 그린 근대의 풍경』(푸른역사, 2003).
· 제임스 E. 매클렐란 3세 & 해롤드 도른,『과학과 기술로 본 세계사 강의』(모티브북,

2006).

· J. F. C. 해리슨, 『영국민중사』(소나무, 1989).

· Douglas A. Reid, "The Decline of Saint Monday, 1766-1876," *Past & Present*, No. 71 (1976).

· E. P. Thompson, "Time, Work-Discipline, and Industrial Capitalism", *Past & Present*, No. 38 (1967).

· Lee T. Wyatt III, *The Industrial Revolution* (Westport, CT: Westwood Press, 2009).

· Martin Bridgstock et al., *Science, Technology and Society: An Introduction* (Cambridge: Cambridge University Press, 1998).

· Melvin Kranzberg & Carroll W. Pursell, Jr. (eds.), *Technology in World Civilization*, vol. 1 (Oxford: Oxford University Press, 1967).

· Robert C. Allen, *The British Industrial Revolution in Global Perspective* (Cambridge: Cambriage University Press, 2009).

| 3. 제임스 와트, 증기기관과 국가적 영웅의 보수성 |

· 미셸 볼드린 & 데이비드 러바인, 『지식 독점에 반대한다』(에코리브르, 2013).

· 윌리엄 로젠, 『역사를 만든 위대한 아이디어』(21세기북스, 2011).

· 이장규 & 홍성욱, 『공학기술과 사회』(지호, 2006).

· Ben Marsden, *Watt's Perfect Engine: Steam and the Age of Invention* (New York: Columbia University Press, 2002).

· Ben Russell, *James Watt: Making the World Anew* (London: Reaktion Books, 2014).

· Melvin Kranzberg & Carroll W. Pursell, Jr. (eds.), *Technology in World Civilization*, vol. 1 (Oxford: Oxford University Press, 1967).

| 4. 철도, 운송혁명과 국민국가 건설에 이바지하다 |

· 글렌 포터, 『미국기업사』(학문사, 1998).

· 루스 코완, 『미국 기술의 사회사』(궁리, 2012).

· 앨프리드 챈들러, 『보이는 손 1』(지식을만드는지식, 2014).

· 윌리엄 로젠, 『역사를 만든 위대한 아이디어』(21세기북스, 2011)

· 클라크 블레즈, 『모던 타임』(민음사, 2010).
· Jack Simmons, *The Railways of Britain*, 3rd ed. (London: Sheldrake Press, 1986).
· John F. Stover, "One Gauge: How Hundreds of Incompatible Railroads Became a National System," *American Heritage of Invention & Technology*, 8:3 (Winter 1993).
· John F. Stover, *American Railroads*, 2nd ed. (Chicago: University of Chicago Press, 1997).
· John F. Stover, *The Routledge Historical Atlas of the American Railroads* (London: Routledge, 1999).
· Maury Klein, "The Coming of the Railroad and the End of the Great West," *American Heritage of Invention & Technology*, 10:3 (Winter 1995).
· Melvin Kranzberg & Carroll W. Pursell, Jr. (eds.), *Technology in World Civilization*, vol. 1 (Oxford: Oxford University Press, 1967).
· Stephen E. Ambrose, "The Big Road," *American Heritage*, 51:6 (October 2000).

| 5. 전신과 전화, 네트워크사회의 문을 열다 |

· 대니얼 R. 헤드릭, 『과학기술과 제국주의』(모티브북, 2013).
· 루스 코완, 『미국 기술의 사회사』(궁리, 2012).
· 요시미 슌야, 『소리의 자본주의』(이매진, 2005).
· 톰 스탠디지, 『19세기 인터넷 텔레그래프 이야기』(한울, 2001).
· Claude S. Fischer, "'Touch Someone': The Telephone Industry Discovers Sociability," *Technology and Culture*, 29:1 (1988).
· Richard R. John, *Network Nation: Inventing American Telecommunications* (Cambridge, MA: Belknap Press of Harvard University Press, 2010).
· Roland Wenzlhuemer, "Editorial: Telecommunication and Globalization in the Nineteenth Century," *Historical Social Research* 35:1 (2010).
· Roland Wenzlhuemer, "Globalization, Communication and the Concept of Space in Global History," *Historical Social Research* 35:1 (2010).
· Simon M. Müller, "From Cabling the Atlantic to Wiring the World," *Technology and Culture*, 57:3 (2016).
· Steven Lubar, *Infoculture* (Boston: Houghton Mifflin, 1993).

| 6. 토머스 에디슨, 천재 발명가의 성공과 실패 |

· 송성수 편, 『우리에게 기술이란 무엇인가』(녹두, 1995).
· 위비 바이커 외, 『과학기술은 사회적으로 어떻게 구성되는가』(새물결, 1999).
· 진 아데어, 『위대한 발명과 에디슨』(바다출판사, 2002).
· 질 존스, 『빛의 제국』(양문, 2006).
· 토머스 휴즈, 『현대 미국의 기원 1』(나남출판, 2017).
· Michael Peterson, "Thomas Edison, Failure," *American Heritage of Invention & Technology*, Vol. 6, No. 3 (Winter 1991).
· Michael Peterson, "Thomas Edison's Concrete Houses," *American Heritage of Invention & Technology*, Vol. 11, No. 3 (Winter 1996).
· Robert Friedel and Paul Israel, *Edison's Electric Light: The Art of Invention* (Baltimore: Johns Hopkins University Press, 2010).
· Stathis Arapostathis and Graeme Gooday, *Patently Contestable: Electrical Technologies and Inventor Identities on Trial in Britain* (Cambridge, MA: MIT Press, 2013)
· William S. Pretzer (ed.), *Working at Inventing: Thomas A. Edison and the Menlo Park Experience* (Dearborn: Henry Ford Museum & Greenfield Village, 1989).

| 7. 테일러주의, 인간을 '시스템'의 일부로 만들다 |

· 안드레아 가보, 『자본주의 철학자들』(황금가지, 2006).
· 토머스 휴즈, 『현대 미국의 기원 1』(나남출판, 2017).
· F. W. 테일러, 『과학적 관리의 원칙』(박영사, 1994).
· 해리 브레이버맨, 『노동과 독점자본』(까치, 1987).
· Daniel Nelson, *Frederick W. Taylor and the Rise of Scientific Management* (Madison: University of Wisconsin Press, 1980)
· Gail Cooper, "Frederick Winslow Taylor and Scientific Management," Carroll Pursell (ed.), *Technology in America: A History of Individuals and Ideas*, 3rd ed. (Cambridge, Mass.: MIT Press, 2018).
· Joseph Gies, "Automating the Worker," *American Heritage of Invention & Technology*, Vol. 6, No. 3 (Winter 1991).

| 8. 포드주의, 대량생산-소비 사회가 도래하다 |

· 루스 코완, 『미국 기술의 사회사』(궁리, 2012).
· 리처드 테들로우, 『사업의 법칙 1』(청년정신, 2003).
· 토머스 휴즈, 『현대 미국의 기원 1』(나남출판, 2017)
· Christopher W. Wells, "The Road to the Model T: Culture, Road Conditions, and Innovation at the Dawn of the American Motor Age," *Technology and Culture*, 48:3 (2007).
· David Hounshell, *From the American System to Mass Production, 1800-1932* (Baltimore: Johns Hopkins University Press, 1984).
· John M. Staudenmaier, S.J., "Henry Ford's Big Flaw," *American Heritage of Invention & Technology*, Vol. 10, No. 2 (Fall 1994).
· Robert H. Casey, *The Model T: A Centennial History* (Baltimore: Johns Hopkins University Press, 2008).

| 9. 포스트포드주의, '노동의 인간화'를 꿈꾸다 |

· 루스 코완, 『미국 기술의 사회사』(궁리, 2012)
· 마이크 파커 & 제인 슬로터, 『팀 신화와 노동의 선택』(강, 1996)
· 이영희, 『포드주의와 포스트 포드주의』(한울아카데미, 1994)
· 제임스 P. 위맥 외, 『린 생산』(한국린경영연구원, 2007)
· 헨리 포드, 『고객을 발명한 사람 헨리 포드』(21세기북스, 2006)
· Åke Sandberg (ed.), *Enriching Production: Perspectives on Volvo's Uddevalla Plant as an Alternative to Lean Production* (Aldershot: Avebury, 1994). [http://www.lmmiller.com/blog/wp-content/uploads/2013/06/Enriching-Production-Perspectives-on-Volvos-Uddevalla-Plant-as-an-Alternative-to-Lean.pdf]
· James M. Rubenstein, *Making and Selling Cars: Innovation and Change in the U.S. Automotive Industry* (Baltimore: Johns Hopkins University Press, 2001).
· Matthias Holweg, "The Genealogy of Lean Production," *Journals of Operations Management*, 25 (2007).

· 토머스 휴즈, 『현대 미국의 기원 1』(나남출판, 2017)

· Gordon A. Gow and Richard K. Smith, *Mobile and Wireless Communications: An Introduction* (Berkshire: Open University Press, 2006).

· Jon Agar, *Constant Touch: A Global History of the Mobile Phone*, rev. ed. (London: Icon Books, 2013).

· Stewart Wolpin, "Hold the Phone," *American Heritage of Invention & Technology*, Vol. 22, No. 3 (Winter 2007).

· Tom Farley, "The Cell-Phone Revolution," *American Heritage of Invention & Technology*, Vol. 22, No. 3 (Winter 2007).

영상자료 목록

| 인쇄술혁명 |

⟨우주가 바뀌던 날(The Day the Universe Changed)⟩, BBC, 1985, 10부작, 각 50분
4부 "사실의 문제(A Matter of Fact)"

→ 제임스 버크의 『우주가 바뀌던 날 그들은 무엇을 했나』(궁리, 2010)의 4장과 상보적인
내용으로, 구텐베르크 이전과 이후를 대비해 지식의 의미가 어떻게 변화했는지 설명
한다.

| 산업혁명 |

⟨우주가 바뀌던 날⟩ 6부 "산업혁명의 공과(Credit Where It's Due)"

→ 제임스 버크의 책 6장과 상보적인 내용이며, 산업혁명의 배경과 주요 기술, 그것이 미
친 영향을 설명한다. 중간쯤 나오는 운하에 대한 설명(27:10~30:53)이 시각적으로 볼
만하다.

⟨제조소 시대(Mill Times)⟩, PBS, 2002, 55분

→ 미국의 초기 공장 체제를 다룬 다큐멘터리 겸 애니메이션으로, 『도구와 기계의 원리』로
잘 알려진 일러스트레이터 데이비드 매컬레이의 책 The Mill(Houghton Mifflin, 1983)에
기반을 두고 있다. 매컬레이가 호스트로 출연해 수차를 이용한 초기 직물공장이 어떻게
움직였는지를 시각적으로 잘 보여준다. 부분적으로 발췌해(2:49~8:47, 15:19~21:37) 보
기에도 좋다.

〈빅토리아 영국을 건설한 아이들(The Children Who Built Victorian Britain)〉
　　BBC, 2011, 58분

→　산업혁명의 주역이자 동력원이었던 아동노동자들(공장, 농업, 군인, 광업 등)을 상세히
　　조명한 작품으로, 산업혁명이 노동자들에게 미친 영향을 살펴보기에 좋다. 양동휴, 『미
　　국 경제사 탐구』(서울대출판부, 1994)에 수록된 「아동노동과 영국의 산업혁명」이라는
　　논문과 좋은 보완 관계를 이루며, 직물공장에서 일한 아동노동자에 초점을 맞춘다면
　　전반부만 발췌(0:00~18:32)해서 봐도 무방하다.

| 철도 |

〈산업사회의 7대 불가사의(Seven Wonders of the Industrial World)〉
　　BBC, 2003, 7부작, 각 50분, 6부 "철로(The Line)"

→　미국 대륙횡단철도 건설 과정을 다룬 다큐드라마로 배우들을 써서 당시 상황을 재연
　　하고 있다. 데보라 캐드버리, 『강철 혁명』(생각의나무, 2011)이 이 시리즈에 기반해 출
　　간된 책으로, 이 책의 5장에 관련 내용이 나온다.

〈스트림라이너(Streamliners: America's Lost Trains)〉, PBS, 2001, 55분

→　자동차로 인한 미국 철도의 퇴조기였던 1930년대에 등장해 대중의 시선을 사로잡고
　　철도의 쇠퇴를 일시적으로나마 지연시켰던 획기적인 디젤 기차 스트림라이너의 등장
　　에서 소멸까지를 다룬 작품이다. 이른바 '실패한' 기술을 다루고 있다는 점에서 흥미로
　　우며, 기술의 사회적 형성이라는 문제의식으로 보아도 재미있는 사례지만, 철도에 대
　　한 향수가 지나치게 강하게 묻어나온다는 점은 흠이다.

| 전신과 전화 |

〈대서양 횡단케이블(The Great Transatlantic Cable)〉, PBS, 2005, 55분

→　'19세기 세계화'에 결정적으로 중요한 공헌을 한 대서양 해저 전신케이블―오늘날 전
　　세계를 잇는 해저 광케이블의 먼 선조격인―의 건설 과정을 미국의 상인 사이러스 필
　　드를 중심으로 다룬 작품으로 배우들을 써서 재연한 장면들이 많다. 19세기 전신의 기

술적 측면을 보여주는 유용한 장면들이 곳곳에 숨어 있다.

〈전화(The Telephone)〉, PBS, 1997, 54분

→ 알렉산더 그레이엄 벨의 전화 발명(1876)에서 AT&T의 대륙횡단 전화 부설(1915)에 이르는 전화의 초기 역사를 다룬 작품으로, 벨의 발명 과정과 전화의 사회사적 측면(전화 교환수)에 관한 내용이 특히 흥미롭다.

| 토머스 에디슨 |

〈에디슨의 빛의 기적(Edison's Miracle of Light)〉, PBS, 1995, 55분

→ 1878~1892년 사이에 초기 전기시스템이 만들어지는 과정을 에디슨의 활동을 통해 보여주는 작품으로, 전기의 문화적 측면이나 유명한 직류-교류 논쟁에 관해서도 언급하고 있다.

〈거대 프로젝트: 미국의 건설(Great Projects: The Building of America)〉
PBS, 2002, 4부작, 각 55분, 2부 "미국의 전기화(Electric Nation)"

→ 19세기 말부터 제2차 세계대전 이전까지 미국 전기시스템의 출현과 성장 과정을 토머스 에디슨, 새뮤얼 인설, 테네시강유역개발공사(TVA)를 중심으로 3부로 나눠 설명하고 있다. 기술사가 토머스 휴즈가 호스트에 가까운 역할을 맡고 있으며, 토머스 휴즈, 『현대 미국의 기원』(나남출판, 2017)에 내용을 많이 기대고 있다.

〈에디슨(Edison)〉, PBS, 2015, 112분

→ 최근의 새로운 연구성과들에 기반해 에디슨의 삶과 그것이 현대사회에 미친 영향을 다룬 다큐멘터리로, 전반부는 축음기와 전등 시스템, 후반부는 자기 선광 사업과 키네토스코프(영화)의 발명을 집중적으로 다루고 있다. 특히 에디슨의 실패와 쇠락을 다룬 후반부는 에디슨 위인전기에서는 좀처럼 접할 수 없는 내용을 담고 있어 흥미롭다.

| 프레드릭 테일러 |

⟨스톱워치(Stopwatch)⟩, PBS, 1999, 55분

→　Robert Kanigel, *The One Best Way*(Penguin, 1997)에 근거해 프레드릭 테일러의 생애
　　와 테일러주의가 미친 영향을 그린 작품이다.

| 헨리 포드 |

⟨헨리 포드(Henry Ford)⟩, PBS, 2013, 113분

→　포드의 획기적 자동차 모델 T와 그보다 더 획기적이었던 포드주의 생산 방식, 일당 5
　　달러 시대의 등장 과정을 다룬 다큐멘터리이다. 이러한 공적 외에 포드라는 인물에 내
　　재한 모순(반유대주의, 노동조합과의 적대, GM에 밀려난 포드의 몰락, 아들 엣젤과의
　　갈등)에 대해서도 잘 다루고 있어 포드의 공과를 따져보기에 좋다. 기술적 측면에만
　　초점을 맞춘다면 1시간 내외로 발췌해서(0:00~43:53, 67:39~84:35) 볼 수도 있다.

세상을 바꾼 기술, 기술을 만든 사회

찾아보기

세상을 바꾼 기술,
기술을 만든 사회

1판 1쇄 펴냄 2019년 11월 19일
1판 2쇄 펴냄 2022년 11월 15일

지은이 김명진

편집주간 김현숙 | **편집** 김주희, 이나연
디자인 이현정, 전미혜
영업·제작 백국현 | **관리** 오유나

펴낸곳 궁리출판 | **펴낸이** 이갑수

등록 1999년 3월 29일 제300-2004-162호
주소 10881 경기도 파주시 회동길 325-12
전화 031-955-9818 | **팩스** 031-955-9848
홈페이지 www.kungree.com
전자우편 kungree@kungree.com
페이스북 /kungreepress | **트위터** @kungreepress
인스타그램 /kungree_press

ⓒ 김명진, 2019.

ISBN 978-89-5820-620-0 03400